Juan Carlos Nava

20 estrategias en la agricultura y en la ganadería

Juan Carlos Nava

20 estrategias en la agricultura y en la ganadería

Hacia una producción integral

Editorial Académica Española

Imprint

Cover image: www.ingimage.com

Publisher:
Editorial Académica Española
is a trademark of
International Book Market Service Ltd., member of OmniScriptum Publishing Group
17 Meldrum Street, Beau Bassin 71504, Mauritius
Printed at: see last page
ISBN: 978-620-0-37601-5

20 ESTRATEGIAS EN LA AGRICULTURA Y EN LA GANADERÍA

ING. AGR. DR. JUAN CARLOS NAVA

DEDICATORIA

A todos los productores que se esfuerzan cada día en lograr mejorar sus unidades productivas, conscientes de que los problemas no se acaban, pero las soluciones tampoco

AGRADECIMIENTO

A todos los estudiantes que participaron en diferentes actividades de investigación y campo sobre algunos aspectos reflejados

A todos los productores que colaboraron con sus unidades productivas para la realización de diferentes actividades relacionadas con el tema

INDICE

INTRODUCCIÓN

Es necesario aplicar estrategias en la agricultura y ganadería, que impulsen un incremento en la producción y productividad con base en los recursos disponibles; logrando incentivar y fortalecer la participación, la diversificación, el desarrollo, la planificación, la organización, la autogestión, la sostenibilidad y el aprovechamiento de lo local; brindando a los productores y sus familias un mejor nivel de vida.

Que exista un intercambio de experiencias en cada zona, en un marco de amplitud, diversidad y compromiso como un proceso participativo centrado en el ser humano; siendo necesario generar un espacio de interacción que propicie la discusión y reflexión sobre problemas como el incremento de la pobreza, el éxodo campesino, el deterioro del ambiente, la seguridad alimentaria, entre otros.

Las unidades de producción de los diferentes rubros deben contribuir a satisfacer las necesidades alimentarias de la población actual y futura; teniendo en cuenta que el mundo se ha ido transformando y ante tal situación lo más acertado seria realizar cualquier actividad, proyecto o estrategia, a partir de la planificación; que tiene que ser un proceso permanente donde los involucrados deberían realizar un seguimiento para alcanzar los objetivos trazados, en donde se debe evaluar la situación actual, el interés por modificarla, los responsables, los recursos que se disponen, las posibles acciones a seguir, el plan y supervisión del mismo con sus respectivos ajustes.

Siendo de gran importancia que los productores planifiquen todas las actividades a realizar, que utilicen registros e indicadores y adviertan también cuanto fueron los ingresos, egresos, costos, entre otros, que los coloquen en una mejor posición al momento de negociar sus productos y vislumbren valores como el del punto de equilibrio de producción y la rentabilidad, para poder tomar decisiones en beneficio de la unidad de producción.

En este sentido, utilizar los indicadores técnicos y económicos, los cuales constituyen herramientas necesarias para conocer los resultados del proceso de producción en un determinado periodo, y así poder evaluar el manejo de los recursos y poder efectuar los correctivos en aquellos aspectos que estén incidiendo en la obtención de los mejores resultados físicos y económicos de la gestión. Todo lo cual conllevaría a lograr una alta productividad, mayor eficiencia y efectividad, gran capacidad competitiva con excelente calidad y alta rentabilidad, para llegar al éxito en las unidades productivas.

Esos beneficios económicos igualmente le permitirían al productor adquirir e incorporar nuevas y mejores tecnologías, mantenerse actualizado, conocer y manejar toda la información que está presentando en forma eficiente y oportuna, efectuar inversiones en su finca, entre otros, que le proporcionen las herramientas necesarias para perpetuarse en el negocio de manera competitiva.

De igual manera, que se logren establecer programas de atención integral a los actores del proceso productivo orientados al fortalecimiento y motivación organizacional y gerencial, capacitando a los productores, su grupo familiar, trabajadores y técnicos sobre los aspectos relacionados al rubro, desde la siembra hasta la comercialización; unificando criterios de manejo agronómico, minimizando el impacto ambiental, diseñando e implementando un programa de asistencia técnica permanente.

Los productores deben identificar los nudos críticos y analizar cuáles son los factores que inciden en la recurrencia del patrón de producción existente y cómo influyen las condiciones de producción actuales dentro de una previsión de gestión económica de carácter competitivo, con la necesidad de optimizar los procedimientos en las áreas administrativas para la reducción de costos en todo el proceso productivo, incrementando la productividad y el consecuente aumento de los ingresos netos, donde se mejore la calidad y apariencia del producto final de tal manera que agregue valor, cumpliendo con los requerimientos de calidad en el proceso de comercialización.

Conforme a lo antes expuesto, cada productor debería realizar un análisis de lo que está ocurriendo, tener capacidad de gestión de la información, toma de decisiones, razonamiento crítico, trabajo en equipo, aprendizaje autónomo, adaptación a nuevas situaciones, iniciativa, espíritu emprendedor, conocimiento de los nudos críticos, de las tecnologías de la información y la comunicación, entre otros, teniendo en cuenta que las estrategias deben ser aplicadas en cada unidad de producción, en unas circunstancias determinadas. No existen recetas que proporcionen las estrategias adecuadas para cada finca, sino con amplia visión se debe buscar la alternativa correcta.

En este sentido, es importante que en cada unidad productiva se realicen las prácticas necesarias en el proceso de producción, en el momento oportuno, cuidando el ambiente, realizando un uso y manejo responsable de agroquímicos, realizando un manejo integral de malezas, insectos, enfermedades, entre otros.

Capitulo I

Manejo integral

Capitulo I

Manejo integral

En un manejo integral de una unidad de producción se debe considerar el punto de vista social, tomando en cuenta el talento humano y el beneficio de las familias de las diferentes zonas, logrando que se mantengan y mejoren los rendimientos deseados y los niveles de vida, tratando de que se fortalezcan las relaciones sociales; siendo de vital importancia aumentar y mejorar la producción y productividad, con ingresos satisfactorios, cuidando el ambiente, contribuyendo con el desarrollo de los planes y políticas de soberanía alimentaria y la creación de puestos de trabajos directos e indirectos con la realización oportuna de las diferentes actividades.

Igualmente, se debe buscar la mejora de las condiciones de vida de los habitantes de los territorios rurales; mejorando la condición humana mediante el crecimiento en formación cultural, técnica y organizativa de los productores, acompañado de mejoras productivas, aumento de rendimientos y obtención de recursos con la conservación del entorno y el ambiente.

Los productores tendrían que ser cada día más competitivos, generando cambios que se adapten a sus fincas para poder mantenerse en el tiempo siendo exitosos, con una excelente calidad y alta rentabilidad. Los productores deben manejar ventajas competitivas, con características detectadas en cada rubro que les den cierta superioridad sobre sus competidores inmediatos.

El mantenimiento de una unidad productiva requiere de la realización oportuna y permanente de una serie de prácticas agrícolas, tendientes a mantener la producción de la misma a niveles de productividad por hectárea por encima del umbral económico aceptable. Esto es solamente posible, cuando se alcanza y se sostiene la calidad del producto final cónsono con las exigencias del competido mercado. En ese sentido es de imperiosa necesidad que la plantación o potrero sea suplido de sus necesidades básicas de riego, drenaje, fertilización y demás, con niveles óptimos de población y un programa de manejo de insectos y enfermedades que abarquen tanto la prevención como la terapia. Detener las actividades de mantenimiento, implicaría renunciar al desarrollo de plantas sanas y vigorosas.

Este resumen de actividades representa el empleo directo de talento humano, así como también el uso de insumos, que a su vez representa la utilización de recursos de capital que deben estar disponibles en la cantidad necesaria y en el momento indicado.

Un abandono o cese de actividades obliga a una empresa a restringir sus actividades a su mínima expresión, con una drástica reducción de nómina y consecuentemente de sus obligaciones económicas. Un cese de labores trae consigo la paralización del mantenimiento del cultivo por lo que las plantas no están recibiendo el riego oportuno o los fertilizantes necesarios, las malezas comienzan a proliferar, con presencia de enfermedades.

En este sentido, es necesario en un futuro cercano el aparecimiento de organizaciones de productores que permitiese el intercambio de experiencias, la creación de programas de investigación, asistencia técnica, trabajar en conjunto con los diferentes organismos, universidades, procesadoras, empresas, comercializadoras, agroindustrias, entre otros. Donde se proporcione información que permita evaluar a corto, mediano y largo plazo el comportamiento de las variables relevantes para la formulación de planes inmediatos. Tomando en cuenta los probables sucesos futuros, midiendo constantemente los programas reales, controlando las metas que se desean alcanzar, para tener sistemas de producción donde se midan las salidas del proceso actual y se comparen con las metas.

Cada cultivo constituye un rubro de gran importancia en lo económico y alimentario, con aportes nutricionales que ofrece el producto final; la revisión de cada área de siembra para determinar si es necesario mejorar la productividad o el incremento de la siembra y producción, contribuiría a generar un gran número de empleos directos e indirectos, favoreciendo el mejoramiento de las condiciones socioeconómicas de los involucrados, así como la posibilidad de arraigar cada vez más a los productores y sus familias a las zonas rurales.

La ganadería es una actividad que se ha mantenido en el tiempo con buenos resultados y ganancias significativas, en este sentido, la carne bovina es una de las principales fuentes de proteínas de la alimentación; su consumo aunque sea en una mínima cantidad provee los nutrientes necesarios de forma directa e indirecta; contiene hierro, el cual previene la anemia y permite un cuerpo bien oxigenado; contiene potasio, fundamental para la buena contracción muscular; sodio, necesario en la transmisión de impulsos nerviosos y la contracción muscular; fósforo, requerido para la formación de huesos y la producción de energía, entre otros.

En este orden de ideas, hay que considerar los prolongados períodos de sequía que se han generado por el cambio climático. En los últimos años se ha intensificado la búsqueda de alternativas que incrementen la eficiencia en la utilización de los recursos en las unidades productivas en armonía con el ambiente, las cuales deben lograr que la actividad agropecuaria sea sostenible desde el punto de vista técnico, social, ambiental y económico.

En función de la dificultad de disponibilidad de materia prima para la elaboración de suplementos concentrados para la alimentación del rebaño animal, y aunado a los prolongados períodos de sequía que se han generado por el cambio climático, que han disminuido la disponibilidad de forraje en la producción agropecuaria, se hace necesario la producción y conservación de forraje para solventar la situación de escasez de pastos que afectan los rebaños de los productores agropecuarios de diferentes zonas.

En el manejo integral se debe elaborar un presupuesto, que es un plan numérico cuya función es distribuir los recursos entre actividades específicas, proporcionando estándares cuantitativos con los cuales se pueda medir y comparar el consumo de los recursos. Es por ello que al llevar los presupuestos se pueden controlar los ingresos y los gastos. En función de objetivos planificados y controlados; haciendo una planificación en las unidades de producción con base a objetivos y resultados. Valorar el liderazgo como planeamiento eficaz, práctico, de fácil comprensión y aplicación para dirigir y lograr que el talento humano realice sus actividades, aplicando técnicas de comunicación para trabajar efectivamente.

Se debe caracterizar la unidad de producción e identificar el uso de indicadores económicos por parte de los productores, determinando el punto de equilibrio, identificando los nudos críticos, determinando las causas que motivaron e indujeron a que los productores ejercieran un tipo de comportamiento en el uso de los mismos, de esta forma se sienten las bases para determinar que es posible que incorporen nuevas formas de gestión o toma de decisiones más efectivas en las condiciones donde se han venido desenvolviendo en el tiempo y el espacio.

En este contexto, considerar los siguientes aspectos: tamaño de la unidad productiva; producción por unidad de superficie o unidad animal; alta producción por unidad de trabajo, en especial cuando esta es costosa o relativamente escasa; el alto rendimiento por unidad de maquinaria o de equipo, la selección cuidadosa de las prácticas de mercadeo y un alto grado de equilibrio entre todos los factores claves del éxito.

Así que el manejo integral debe verse como un todo y no de manera aislada, donde tan importante es la acción de los productores, como del resto de los actores públicos y privados, que participen o no directamente. La efectividad del manejo puede estar limitada por fallas en el proceso de comunicación y de toma de decisiones, así como también por la falta de participación de los productores en dichos procesos; por lo tanto, se requiere un proceso que garantice que las necesidades más urgentes de los involucrados sean atendidas, para el beneficio colectivo y no individual de todos las personas.

En cada proceso se deben establecer objetivos, comenzando cada trabajo con conocimiento y una mirada prospectiva en el contexto de la planificación: esta actividad bien realizada deberá involucrar a las personas de la empresa; organizar los recursos necesarios para cumplir los objetivos y materializar los planes; con recursos en cantidad, calidad y oportunidad. Reunir información y evaluar resultados para mantener el control integral; concretar las acciones necesarias para corregir o ajustar los diferentes aspectos en concordancia con lo planificado, por lo que se deberían establecer planes con buenas prácticas, con los productores como grandes protagonistas en esas actividades.

Es de gran importancia que se realice una revisión de actividades donde se pueda corregir o ajustar lo acordado, para mejorar en concordancia con la realidad presente y al mismo tiempo se produzca un cambio social con el objetivo del progreso de los productores y sus familias. Que exista una economía donde todos los involucrados en cada rubro aprovechen los recursos presentes en cada zona con el compromiso de cuidarlos para las futuras generaciones. De igual manera, es imprescindible desarrollar otras actividades económicas, capacitando a los involucrados, implementando acciones generadoras de ingresos que contribuyan en el desarrollo económico, social y el bienestar de las familias.

En el manejo integral se deben identificar las necesidades de la finca; desarrollar la misión, metas y objetivos; diseñar programas y actividades para cumplir los objetivos, y evaluar el éxito de dichas actividades; con la capacidad de definir el conjunto de acciones con una revisión de los resultados. Es necesario detectar las limitaciones que presenta cada productor para gerenciar su agronegocio, su actitud para la adopción de nuevas tecnologías que le permitan elevar su producción y productividad, la dificultad para la toma de decisiones acertadas, su capacidad para planificar, organizar, integrar supervisar y controlar adecuadamente su unidad de producción.

Es importante que se desarrolle la producción agrícola y pecuaria mediante la investigación y apropiación del conocimiento en materia de abastecimiento de insumos, asistencia técnica y capacitación, desarrollando programas de producción que se integren en un sistema agroalimentario capaz de satisfacer las necesidades del consumo de alimentos que garantice rentabilidad y eficiencia en el negocio agrícola.

La producción agrícola debería estar sustentada por el establecimiento de políticas agrícolas gubernamentales que estimulen al productor, así como incentivar la participación del sector privado en lo que corresponde a la transformación de la producción. En el sistema de producción debe lograrse, la generación de empleos, el incremento de la producción, mayor rentabilidad, elevar el nivel de ingreso del núcleo familiar, manejar la posibilidad de extender la superficie de siembra del cultivo, conocer el mercado, entre otros.

En la agricultura moderna se busca permanentemente lograr la mayor rentabilidad posible de la actividad, y una de las vías que se utiliza es ser muy eficientes en el uso de los insumos para la producción. Sin descuidar la mejora del sistema ecológico, protección de las fuentes de agua y de los suelos, una alta productividad con calidad, incremento de la productividad por unidad de superficie, disminución de la incidencia de plagas y enfermedades para incrementar el rendimiento por hectárea, entre otros.

En referencia a lo antes expuesto, es necesario que se planifiquen todas las actividades a realizar, que los productores conozcan como ha sido a través del tiempo la gestión económica, como han ido cambiando las políticas agropecuarias, producto de un proceso a lo largo de los años y las nuevas prácticas en el proceso de producción que deben ir de la mano con la planificación.

Entre esas nuevas prácticas se debe facilitar la aplicación de las labores culturales, manejo, cosecha, detectar problemas e inconvenientes y facilitar la administración. Los criterios a considerar para la división de los lotes y potreros son tamaño de la unidad de producción, época de siembra, topografía del terreno, tipos de suelo, riego, mercado, precios, entre otros.

Se debería revisar la gestión económica que se ha desarrollado en las unidades de producción, cómo ha sido creada y administrada, bajo qué criterios de producción, con qué niveles gerenciales, niveles productivos, recursos utilizados, criterios de conservación ecológica, entre otros, para llegar a satisfacer las necesidades de alimentos para el consumo nacional.

El manejo integral debe ser visto como un proceso natural del ser humano, como una práctica diaria para lograr los objetivos, debería ir de la mano con la planificación y la administración del negocio. Por supuesto sin descuidar todos los aspectos relacionados con la gerencia, como un proceso a convenir y lograr objetivos anticipando cambios internos y externos para poder obtener los resultados esperados. Se deben convenir y lograr los objetivos planteados en cada unidad de producción, para logar los objetivos hay que gestionar lo establecido en la planificación.

Desarrollar el conjunto de actividades en que se preparan alternativas de solución de problemas que posibiliten, enmarquen y ayuden a la futura toma de decisiones y lanzamiento de actividades del sistema a planificar. Con seguimiento al proceso de organización que debe ir acompañado por el control del conjunto de actividades y luego la toma de decisiones sobre las diferentes alternativas.

Convendría planificar para trabajar con una cultura de calidad, responsabilidad social y ambiental, tomando en cuenta la participación de todos los involucrados, donde se pueda revisar si se están realizando actividades fundamentales, operativas, gerenciales y todo lo relacionado con el manejo, producción y comercialización del producto final, conociendo los costos y la rentabilidad del cultivo.

En las reuniones previas a la ejecución de las diferentes actividades se debe evaluar la factibilidad, la objetividad, la cuantificación, la flexibilidad, la unidad, el cambio de estrategias, entre otros. Teniendo muy claro que el propósito fundamental es facilitar el logro de los objetivos de la empresa, por lo que se deben definir los objetivos; determinar donde se está en relación a los objetivos; desarrollar premisas considerando situaciones futuras; identificar y escoger entre cursos alternativos de acción y la puesta en marcha de los planes y evaluación de los resultados.

Realizar un diagnóstico, que se reduce a una breve descripción de la problemática a desarrollar, partiendo de que todo este proceso tendrá como resultado una mejora económica. Para iniciar este diagnóstico es inminente acudir a la información anterior y verificar en que circunstancia se encuentra la rama en la que se hace este diagnóstico, que la mayoría de las veces se apoya en una constante cuantificación de los recursos por medio de las estadísticas correspondientes. Se orienta toda la información obtenida en el diagnóstico para la canalización de metas esperadas, estableciendo a su vez los métodos para hacer de estas metas una realidad notable.

En los objetivos es necesario tener una correspondencia muy específica entre las metas fijadas individualmente con los objetivos trazados en el plan en general. No obstante, es notable señalar que en toda planificación habrá metas intermedias y metas finales; dentro de los objetivos sólo figurarán las metas finales, en cambio las intermedias se incorporaran en el estudio de los medios establecidos para lograr los fines.

Hay que comprender el funcionamiento, recursos con que se cuentan, resultados de la actividad, entre otros. Toda esa información interna y externa, que es de naturaleza cuantitativa y cualitativa, debe procesarse para detectar qué tendencias del entorno constituyen una amenaza o una oportunidad, y qué factores de la situación actual suponen una debilidad o una fortaleza, a la vista de los cambios que se están produciendo y se producirán en el entorno.

Es de gran importancia nutrirse de conocimientos, mejorar la comunicación, organización, participación, trabajo en equipo, solidaridad, compromiso, entre otros, para lograr una construcción colectiva, ya que la agricultura y la ganadería tienen un grado de exigencia para los productores, inestabilidad en los mercados, vientos, condiciones climáticas cambiantes, sequias, precipitaciones, desbordamientos de ríos, entre otros, con un comportamiento económico caracterizado por una aversión al riesgo.

Conocer el manejo integral es esencial para contribuir en el funcionamiento de las fincas, ya que se podrían prever las contingencias y cambios futuros y las medidas para afrontarlas con mayor garantía de éxito; definiendo las metas y objetivos, se realizan planes y estrategias para alcanzar dichos objetivos, integrando y supervisando las diferentes actividades a realizar en cada rubro, por supuesto teniendo clara la misión y visión de cada unidad de producción, y los recursos necesarios para cumplir con los planes programados, por lo tanto se tendría el conocimiento de lo que se quiere. Debería existir flexibilidad en lo planificado para poder enfrentar los cambios que se podrían presentar en el entorno.

Al mismo tiempo tener claro que cada empresa debe conocer el mercado y el precio del producto final en los mismos, así como conocer si existen restricciones sobre los precios, es decir manejar información adecuada. Es indispensable conocer la realidad técnica de las unidades de producción y sus implicaciones económicas; costos, ingresos y márgenes, como herramientas para evaluar las acciones realizadas y por realizar, con información para una mejor toma de decisiones. El costo está directamente relacionado con la estructura de la producción. Los productores deberían conocer y manejar los costos orientados a la producción con el fin de obtener el producto final. Con la introducción de la tecnología se aumentaría la posibilidad de producir bienes y servicios, dada la cantidad de recursos productivos, es decir, aumento de la eficiencia, con adopción de nuevas tecnologías,

Un manejo integral requiere de actividades con orden y propósito con enfoque hacia los resultados deseados para lograr una secuencia efectiva de los esfuerzos, teniendo en cuenta la necesidad de cambios futuros, visualizando las futuras posibilidades y oportunidades, teniendo claro los posibles planes de contingencia, si se están dando los resultados buscados.

En este sentido, si una unidad de producción aspira a permanecer en el tiempo siendo exitosa económicamente, debe plantearse objetivos realistas y las formas para alcanzarlos. Que no sea un esfuerzo ocasional, que sea efectiva y logre los resultados deseados, que sea un círculo continuo que nunca debería terminar; debería ser vigilada periódicamente, revisada y modificada de acuerdo con los resultados presentados.

Los errores u omisiones que se cometan en la fase de definición ocasionarán errores, tiempo adicional de ejecución y costos mayores a los que inicialmente se habían estimado. En la medida que se reduzca el grado de incertidumbre se tendrá mayor probabilidad de éxito en cuanto al cumplimiento y aplicación; por el contrario, si se pasa a la fase de ejecución con fallas, requerirá de una gran cantidad de cambios de alcance y no logrará sus objetivos en el tiempo previsto, ni con el costo estimado.

Hay que definir el momento oportuno en el cual se debe determinar el precio del producto final y tener muy claro donde vender, conociendo los canales y la combinación del precio y de los servicios ofrecidos. Se debería preparar un cronograma del volumen de producción; estimar los costos de producción; proyectar los precios de mercadeo, y tomar las decisiones de mercado necesarias, con plan que incluya varias alternativas.

En este sentido, hay que conocer el punto de equilibrio, que es el volumen mínimo de ventas que debe lograrse para comenzar a obtener utilidades. Es el mínimo nivel de ventas necesario para recuperar los costos. Su propósito es determinar en que momento son iguales los ingresos y los gastos. El objetivo del punto de equilibrio es medir la eficiencia de operación y desarrollar de forma correcta las políticas y decisiones de la administración de una unidad de producción; influye de forma importante para poder realizar el análisis, planteamiento y control de los recursos de la misma.

Es por ello que los productores al conocer el punto donde los ingresos equilibraron los costos, deberían estimar los efectos económicos o como considerar este parámetro en el tiempo, así mismo las medidas administrativas que podrían aplicar en el mediano plazo, como racionalización de costos o aumentar la productividad por hectárea; manejando mensualmente cada productor y su equipo de trabajo el valor del punto de equilibrio como un indicador indispensable.

La rentabilidad del cultivo o de la finca está ligada a los valores de rendimientos alcanzados a través de una relación directamente proporcional. Una de las variables a considerar es el costo unitario de producción o punto de equilibrio, por debajo de la cual se estarían generando pérdidas, y viceversa. Para medir la rentabilidad se utilizarían los indicadores ganancia monetaria neta y la relación beneficio-costo. Hay que separar los costos fijos y los variables, determinar el nivel de operaciones que se requiere para cubrir todos los costos.

Se puede obtener una primera simulación que permita saber a partir de qué cantidad de ventas se comienza a generar utilidades o conocer la viabilidad de un proyecto; conocer cuánto se necesita vender para alcanzar la utilidad.

En referencia a lo antes expuesto, hay que conocer el punto de equilibrio para determinar el nivel de ventas necesario para cubrir los costos totales, se debería manejar como una herramienta estratégica, que podría permitir conocer la viabilidad del negocio y después de realizar el respectivo análisis, tomar decisiones en el manejo de las diferentes unidades de producción.

Cada equipo de trabajo en cada unidad productiva debería:

Diseñar un plan estratégico que responda a las necesidades del rubro establecido, tomando en cuenta los problemas presentados, estableciendo alianzas estratégicas; realizando reuniones y actividades con la finalidad de compartir información, experiencias, intercambio de conocimientos, entre otros.

Realizar un diagnóstico detallado de la unidad productiva, con la finalidad de evaluar el avance de planes, proyectos propuestos y en ejecución, con el propósito de completar y corregir la información existente.

Fortalecer los espacios de encuentro y diálogo, con la organización, convivencia de todos los involucrados, continuando con la estimulación en la organización, reuniones y actividades, mediante la planificación, contribuyendo con la búsqueda, intercambio de conocimientos y experiencias, implementando un sistema que contribuya con el logro de objetivos concretos de acuerdo a los nudos críticos identificados.

Fijar metas y objetivos, revisando la capacitación, asistencia técnica, donde prevalezcan canales de comunicación internos y externos, para lograr un equilibrio entre los procesos del negocio y la misión, visión, objetivos y estrategias de cada unidad de producción.

Unificar criterios de manejo del rubro, con la planificación de todas las actividades por escrito. Los productores, al conocer los indicadores, trabajarían de forma más ordenada y eficiente, manejando mensualmente los costos, los ingresos y el punto de equilibrio, buscando que se reduzca la incertidumbre.

Promover la evaluación y construcción de infraestructuras de acopio, almacenamiento y comercialización del producto final, para disminuir en un futuro la dependencia del intermediario.

Capitulo II

Proceso productivo

Capitulo II

Proceso productivo

En todo proceso productivo la planificación, realización oportuna y adecuada de cada práctica es de vital importancia, por lo que es primordial que todos los días se recorra y supervise la plantación o potrero y se lleven registros técnicos y económicos de todas las actividades, para que luego sirvan de herramientas indispensables para los productores. Por supuesto, no sólo el manejo agronómico es importante, también debe considerarse la planificación de las actividades generales de la unidad de producción, lo cual conllevará a una adecuada y oportuna toma de decisiones y administración oportuna. Se debe conocer cada etapa y los responsables de las mismas antes de comenzar la actividad, hasta la obtención del producto final (figura 1).

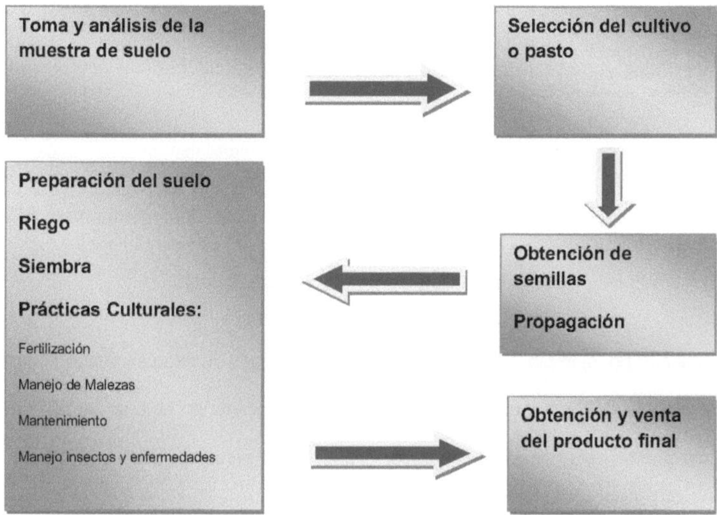

Figura 1. Diagrama de flujo de un proceso de producción.

En este sentido, debe conocerse todo lo relacionado con el rubro; las entradas, agrosoportes, agrocomercios, agroservicios; el procesador, el subsistema agroecológico, social, vegetal, equipos y las salidas con una retroalimentación (figura 2).

Descripción del sistema

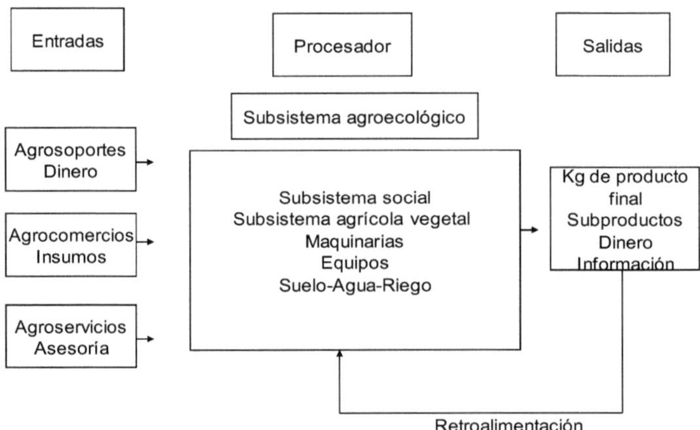

Figura 2. Descripción de un sistema de producción agrícola.

Manejar por ejemplo, que excesivas lluvias o periodos de sequías pueden causar lixiviación de agua y nutrientes o estrés hídrico, resultando en disminución de la calidad del fruto y el rendimiento, con reducción de la rentabilidad.

Con el uso del riego por ejemplo, las raíces de las plantas se hacen más numerosas y adquieren mayor longitud en sentido horizontal como consecuencia de que la planta encuentra humedad suficiente a poca profundidad y su sistema radicular se desarrolla lateralmente sin tener que buscar el agua a mayores profundidades, también las plantas tienen un aumento de raíces pequeñas para la absorción de agua con los fertilizantes, lo que da lugar a un mayor rendimiento.

En este orden de ideas, la ganadería depende fundamentalmente de la producción de pastos, la cual está sometida a condiciones ecológicas diversas que la afectan, como el volumen de biomasa producida y las variaciones ambientales, estas características junto a las diversas especies forrajeras y a las razas animales y su mestizaje, conforman un complejo de factores, que afectan la productividad. Para obtener la máxima eficiencia en cada finca es necesario conocer y controlar cada uno de los elementos y factores que inciden sobre el sistema de producción, realizando un manejo integral de pastos, malezas y alternativas alimenticias.

Los pastos son de gran importancia para los semovientes, sirviendo como alimento, siendo una masa vegetal fresca con un valor alimenticio; pero que debe venir acompañado de su aprovechamiento, conservación y manejo de los potreros naturales y conservación de los forrajes. Los pastos almacenan, en la parte baja de los tallos de las hojas inferiores (cercanas a la raíz), las reservas nutritivas que les sirven para iniciar nuevamente el crecimiento luego de ser pastoreados o cortados. Por esta razón, al momento de pastorear, se deben dejar las hojas inferiores, donde está el punto de rebrote, de esta forma la planta crece con mayor rapidez.

Los bovinos desempeñan un papel importante en el mantenimiento de una economía de un país; con ingresos para industrias y empresas relacionadas con la fabricación, elaboración y distribución de insumos. La leche y la carne son rubros con una demanda permanente durante todo el año además de ser considerados productos básicos; constituyendo una importante fuente de empleo (figura 3).

Descripción del sistema

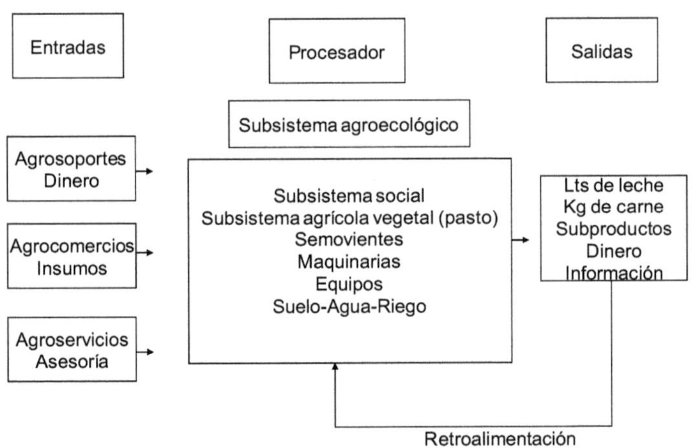

Figura 3. Descripción de un sistema de producción en ganadería.

En los dos sistemas presentados se debe conocer y manejar muy bien todo lo referente al subsistema agrícola vegetal; tipo de relieve y su predominancia; suelos y sus características; profundidad, textura, tipos de drenajes; vegetación, condiciones físicas y climáticas, zona de vida, temperatura, entre otros.

En la actividad ganadera, hay que conocer muy bien el tipo de pasto, por ejemplo, el pasto Panicum maximum c.v. Mombaza, es una gramínea perenne, crece en forma erecta, tipo Macolla, tiene una altura entre 1,60 a 1,85 m, es utilizado para pastoreo, su digestibilidad y palatabilidad es excelente, su tolerancia a la sequía es media, tiene un porcentaje de proteína en la materia seca de 10 a 14%, se siembra a una profundidad de 1 a 2 cm, su producción de forraje es de 28 a 30 tn.Ms/ha/año. Se adapta bien a regiones de clima caliente, con precipitación pluvial superior a 1.000 mm y situadas entre 0 y 2.000 m de altitud. Tolera heladas leves y esporádicas. Presenta baja tolerancia a aguachinamiento.

Se recomienda igual realizar un plan de necesidad de maquinarias, vehículos y equipos, personal responsable, plan de mantenimiento preventivo, seguimiento al plan operativo, logística de repuestos, seguimiento a las diferentes actividades realizadas, entre otros (foto 1).

Foto 1. Maquinarias y vehículo.

Capitulo III

Estrategias en agricultura y ganadería

Capitulo III Estrategias en agricultura y ganadería

1 Tener plano de la unidad productiva

Permite conocer el área total de la unidad productiva y el área para la ejecución real de las diferentes actividades a realizar. Los productores al contar con un plano de las unidades de producción, podrían construir mapas por áreas, identificando las condiciones en cada zona como una herramienta factible para realizar prácticas culturales, tales como fertilización, manejo de malezas, insectos, enfermedades, supervisión de actividades, entre otros, promoviendo una cultura de calidad, responsabilidad social y ambiental entre todos los involucrados; ello además podría permitir la programación de la producción por lotes o potreros, lo cual conllevaría a realizar una gerencia más efectiva del sistema de producción.

Se llevaría una administración y logística de lo que se programa a realizar y luego de lo que se va realizando, incluyendo labores, personal, costos, ingresos, producción, área utilizada, por utilizar o en descanso (foto 2).

Foto 2. Plano de la unidad productiva.

2 Tomar las muestras de suelo

El análisis de suelo es la alternativa más utilizada para evaluar la fertilización del suelo; se basa en un resultado analítico que se correlaciona con las respuestas de un cultivo a los niveles nutricionales del suelo; esa correlación permite establecer las categorías de disponibilidad de un nutriente en el suelo. Los análisis de suelo permiten detectar problemas de tipo químico (acidez, basicidad, contenido de elementos nutritivos, sales) y físicos (texturas) de los suelos; estimar dosis de fertilizantes, utilizando las fuentes y cantidades apropiadas; evitar prácticas de manejo que deterioren el suelo y disminuyan el rendimiento (foto 3).

Foto 3. Muestras de suelo.

Se realiza un recorrido en la unidad productiva en forma de zig-zag, tomando las respectivas submuestras, se divide el terreno en sectores de igual topografía, zona alta, ondulada y plana. De cada zona diferente se toman muestras de suelo. Se limpia el terreno y se toman submuestras con diferentes profundidades de muestreo entre 10 y 30 cm, luego las submuestra son mezcladas hasta obtener una muestra homogénea por unidad productiva, la cual se lleva al laboratorio.

Se revisa el pH, que es una de las propiedades que tiene mayor influencia en el comportamiento del suelo en relación al crecimiento de las plantas; la conductividad eléctrica, que es una estimación del contenido de sales solubles del suelo, elementos como el fósforo, el nitrógeno, el potasio, la textura del suelo, que se refiere a la proporción relativa de arena, limo y arcilla de un suelo, distinguiéndose las categorías: suelos de textura gruesa, textura media y textura fina.

Hay que ir hasta el área a sembrar y tomar las respectivas muestras de suelo para luego ser llevadas al laboratorio y con el resultado, elaborar un programa de fertilización acorde a la realidad de cada unidad productiva.

Es necesario:

- Planificar toda la actividad con la ingeniera (o) agrónoma (o) que va a dar la asistencia técnica en la unidad productiva.
- Ubicar el laboratorio donde serán llevadas las muestras de suelo.
- Revisar la fecha de la última fertilización del área; si son suelos no sembrados anteriormente o qué cultivo se había sembrado.
- Ubicar para la toma de muestra los implementos y materiales necesarios como un barreno, una pala, un balde, una bolsa plástica, una hoja de un cuaderno y un bolígrafo.
- Realizar un recorrido en zig-zag tomando en cuenta superficies homogéneas en cuanto al tipo de suelo, áreas altas, bajas, planas, inclinadas, tipo de vegetación, entre otros, para determinar el número de muestras a llevar al laboratorio. Se toma la submuestra limpiando primero la superficie del terreno, a diferentes profundidades para colocarlas en el recipiente. Luego de tener todas las submuestras, se mezclan homogéneamente en un piso y se toma un kilogramo aproximadamente, colocándolo en una bolsa plástica, identificándola con la hoja del cuaderno, anotando en la misma: nombre del productor, nombre de la unidad productiva, ubicación, fecha, entre otros.

Es importante:

- Evitar muestrear suelos muy mojados.

- Usar bolsas plásticas nuevas y limpias, no de papel.

- No fumar durante la recolección de muestras, para evitar contaminarlas con las cenizas del cigarro.

- No tomar muestras en áreas recién fertilizadas, sitios próximos a viviendas, galpones, corrales, cercas, caminos, lugares pantanosos o erosionados, áreas quemadas, lugares donde se amontona estiércol, fertilizantes, cal u otras sustancias que pueden contaminar la muestra.

3 Colocar un pluviómetro en la unidad productiva

Es importante colocar un pluviómetro en la unidad productiva para medir la cantidad de agua producto de las precipitaciones caídas. La cantidad de agua caída se expresa en milímetros de altura (o equivalentemente en litros por metro cuadrado). El pluviómetro debe colocarse en un área abierta, no debajo o cerca de un árbol o un techo, Se asigna un responsable para que realice las respectivas observaciones cada vez que llueva y se anota la cantidad de agua diaria, semanal, mensual y al año en la respectiva unidad productiva (foto 4).

Foto 4. Pluviómetro

4 Cuidar el ambiente y realizar un buen uso y manejo responsable de agroquímicos

El manejo inapropiado del ambiente ha traído como consecuencia recalentamiento de la tierra, desequilibrios en los sistemas ecológicos, degradación de los suelos, destrucción de cuencas y paisajes, cambios climáticos, contaminación generalizada, procesos productivos a corto plazo y a ritmo acelerado, falta de equidad en el aprovechamiento de los recursos naturales renovables, deterioro de la condición humana, entre otros.

En este sentido, la quema de basura arroja partículas tóxicas y contaminantes al aire; se produce emisión de dióxido de carbono y contaminantes tóxicos vinculados con enfermedades humanas, trayendo como consecuencia efectos inmediatos a la salud: ardor en los ojos, irritación de las vías respiratorias, asma, entre otros; presentándose efectos causados en el mediano y el largo plazo como enfermedades pulmonares, malformaciones, cáncer, entre otras

En cada unidad productiva cuando se realiza el programa de fertilización, manejo de malezas, manejo de insectos y enfermedades, asistencia técnica, manejo operativo y administrativo, también se debe realizar el programa de protección al ambiente y recursos naturales, con los responsables incluidos.

En muchas zonas la utilización de plaguicidas se caracteriza por un elevado consumo y una aplicación descontrolada de productos químicos, así como por un bajo cumplimiento de las recomendaciones técnicas, con productores y trabajadores que presentan bajo conocimiento sobre la conservación del ambiente, lo que pone de manifiesto la necesidad de desarrollar programas y medidas de prevención para proteger la salud de los trabajadores y el ambiente.

Los productores, trabajadores y operadores después de tener muchos años usando agroquímicos, olvidan como manejarlos adecuadamente. Otros con poca experiencia o desconocimiento no están consientes del daño que producen, observándose aplicaciones sin tomar en cuenta que los agroquímicos están llegando a ríos, lagunas y lagos. La utilización de plaguicidas se caracteriza por un elevado consumo y una aplicación descontrolada de estos productos, con un bajo cumplimiento de las recomendaciones técnicas, siendo necesario desarrollar programas y medidas de prevención para proteger la salud de los trabajadores y el ambiente. Es necesario que todas las personas que trabajen directamente o indirectamente con agroquímicos se realicen por lo menos una vez al año el examen de la colinesterasa. Deben preguntar antes en el hospital más cercano si lo realizan, ya que hay que asistir en ayuno y días antes de realizarlo, se debe evitar consumir frituras, grasas, gaseosas y bebidas alcohólicas.

Los técnicos, asesores, extensionistas, personal involucrado directamente o indirectamente no pueden visitar un cultivo o un potrero observando solamente los problemas técnicos, es necesario comprometerse, preguntar y observar todo el entorno y el daño que se puede estar produciendo o se producirá en un futuro a la naturaleza y dar la recomendación explicando el daño, sus consecuencias y la solución para que no se repita la situación.

Es necesario prepararse para capacitar y asesorar a los productores para mejorar la calidad, productividad, nivel de vida, pero cuidando y conservando los recursos naturales. Hay que dar charlas con posterior seguimiento para mejorar la situación, realizando reuniones para intercambiar experiencias positivas que sirvan para mejoría de todos y experiencias negativas para que no se repitan.

Cuando se visitan las unidades de producción se observan recipientes de agroquímicos ya utilizados a lo largo de todo el recorrido, alrededor de casas, en los caminos, en los linderos, dentro de la plantación, en los potreros, entre otros. Los productos químicos deben ser almacenados en sus envases originales, bien cerrados, en un sitio seguro bajo llave, fuera del alcance de los niños; se debe evitar el uso de aparatos eléctricos, evitar temperaturas altas, cuidar que siempre exista ventilación y contar con aserrín y un extintor para incendios (que no este vencido, revise la fecha).

Realizar la técnica del triple lavado que es la manera más fácil de limpiar los envases antes de eliminarlos, consiste en vaciar todo el producto del envase hasta que deje de gotear, luego se le agrega agua hasta un cuarto de la capacidad del envase, se cierra y se agita durante treinta segundos y se vierte en la asperjadora o tanque. La operación se realiza tres veces agitando cada vez en diferente dirección, luego los envases se perforan y se almacenan en un lugar seguro hasta que sean llevados hasta el destino final de los mismos. No se deben quemar, enterrar, ni colocar con el resto de la basura para que sea recogida por el camión de la basura.

Por lo tanto, un agroquímico es una sustancia química que se destina para combatir, controlar o prevenir la acción de los organismos que afecten la salud y el bienestar del hombre, los animales y la producción agrícola.

Antes de la aplicación de un agroquímico se debe:

-Identificar el insecto, maleza o enfermedad.

-Adquirir el producto en un lugar seguro, autorizado por el organismo responsable del uso de los mismos.

-Exigir que el envase sea original, sellado y con la etiqueta en buenas condiciones.

-Verificar la fecha de vencimiento.

Los agroquímicos:

-No se deben transportar con personas o animales.

-Hay que almacenarlos lejos de la vivienda, fuera del alcance de los niños, BAJO LLAVE.

-Revisar el equipo de aplicación.

-Prohibido el empleo de menores de edad o personas que no sepan leer y escribir.

Equipo de protección que se deben utilizar para aplicar agroquímicos:

-Gorra.

-Lentes.

-Equipo de protección respiratoria especifico para plaguicidas.

-Camisa manga larga.

-Pantalón largo.

-Guantes.

-Botas (foto 5).

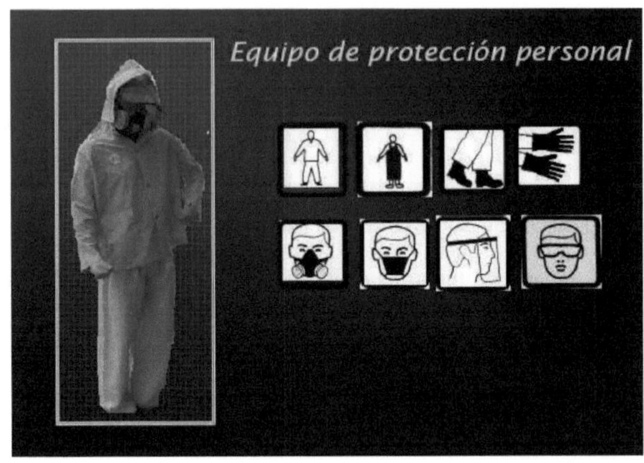

Foto 5. Equipo de protección personal.

Antes de aplicar un agroquímico hay que leer y entender LA ETIQUETA del producto:

-NO TOMAR LECHE.

-NO contaminar El AMBIENTE.

Durante la aplicación de un agroquímico:

-No comer, beber, tomar leche ni fumar.

-Aplicar a favor del viento.

-No aplicar si hay tiempo de lluvia.

-Utilizar la técnica del triple lavado.

-Al finalizar perforar los envases.

-Lavarse bien las manos.

Después de la aplicación de un agroquímico:

-Respetar los intervalos establecidos de reingreso a las zonas tratadas, señalados en la etiqueta.

-Limpiar y guardar el equipo de aplicación.

-Lavar por separado la ropa (de trabajo).

-No usar botellas de bebidas para guardar agroquímicos.

EN CASO DE INTOXICACIÓN con agroquímicos:

-Retirar a la victima del lugar del accidente.

-Llevar al paciente al hospital más cercano con la etiqueta o envase del producto utilizado.

5 Valorar el Talento humano

Seleccionar el personal de manera inadecuada conlleva a la disminución de la eficiencia y produce elevados costos en otras actividades, porque todas las demás prácticas de administración de talentos humanos se verán afectadas disminuyendo así su potencial. Hay que conocer la necesidad de talento humano, saber determinar cuando el recurso existente es suficiente o cuándo hay necesidad de contratar personal (foto 6).

Foto 6. Talento humano.

El talento humano es de gran importancia en todas las empresas, pero hay que tener en cuenta la educación, la formación y el desarrollo, del mismo para lograr producir, innovar, crear, trabajar de manera adecuada y en armonía con los demás y tratar de lograr tener un enorme impacto en las capacidades de cada empresa.

En este sentido, se deberían desarrollar programas y medidas de prevención para proteger la salud de los trabajadores, buscando de igual modo lograr y mantener la calidad en las unidades de producción; se debería pensar en la educación de los trabajadores como una actividad más cuando se realice la respectiva planificación. Precisar la importancia que tiene el conocimiento y las necesidades de los trabajadores, como elemento indispensable en la planificación; despertar la solidaridad grupal, coadyuvar y crear un ambiente de compresión y aceptación.

De igual manera contribuir al mejoramiento de la calidad, productividad y autoestima de los trabajadores, considerando, que el adiestramiento y desarrollo de personal es fundamental y sobre el cual se soporta el factor humano. Teniendo en cuenta que cada empresa tiene su propia misión, su razón de ser; el adiestramiento que se plantea, estará adecuado a las necesidades de la misma. Con un programa de capacitación permanente en las unidades de producción, con educación a los trabajadores, con mejor observación del proceso para detectar y corregir errores, respondiendo a los cambios en el ambiente interno y externo.

En este orden de ideas, la participación de la familia, esposa e hijos de los productores es gran importancia como un recurso fundamental, se requiere aumentar sus capacidades y elevar aptitudes a fin de que aumente la capacidad de producción del trabajo alcanzado, donde aumente la participación de los mismos con conocimientos prácticos, habilidades adquiridas y capacidades aprendidas a través de la educación, del entrenamiento y la experiencia.

La participación de las esposas e hijos es muy importante en la vida laboral familiar, es uno de los puntos más fuertes de la responsabilidad social dentro de la unidades de producción, ya que debe ser articulada de alguna manera en el manejo de cada rubro de tal modo, que todos los integrantes puedan conocer el proceso, participar y colaborar manteniendo el respeto, los valores, virtudes, principios, entre otros. Se debería manejar la posibilidad de la creación de programas de capacitación rural familiar y una educación formal que motive a la juventud al medio rural, y al mismo tiempo se podría contribuir con la participación activa y toma de decisiones de la mujer en el proceso productivo, realizando reuniones para promover el trabajo en equipo.

Siendo muy importante una revisión de ese factor, de participación de familiares, para evaluar si la actividad se podría manejar como un negocio familiar donde todos los involucrados deberían conocer el proceso completo y podrían aportar ideas y soluciones en beneficio de la actividad productiva y económica de las unidades de producción. La realización de programas de capacitación rural familiar y una educación formal que motive a la juventud al medio rural, sería la primera parte de una serie de actividades a realizar.

Como resultado se contaría con talento humano con formación, técnicos que lideren la generación, promoción y difusión de conocimientos, respondiendo oportunamente a las exigencias del mismo, con conocimientos de recursos tecnológicos existentes y contribuyendo al desarrollo de la gerencia.

6 Contar con asistencia técnica

La asistencia técnica, se considera un factor importante dentro de la agricultura y la ganadería, pero debe enfocarse correctamente. Comprende la acción hacia la planificación, el ambiente, el proceso productivo, el talento humano y la comercialización. Es un complejo de acciones que necesita de programas completos que abarquen los diferentes tópicos, de allí que no debe ser una acción aislada. Siendo necesario concientizar y sensibilizar sobre la importancia que reviste, para lograr un manejo apropiado con calidad, con respuestas satisfactorias a las necesidades presentes; fomentado el intercambio continuo de información de las experiencias positivas, negativas y los logros obtenidos (foto 7).

Foto 7. Asistencia técnica.

No recibir asistencia técnica, se presenta como una situación desventajosa, al no conocer los últimos avances y prácticas existentes para mejorar sus empresas, unidades de producción, entre otras.

La asistencia técnica debe estar compuesta por la planificación, los recursos naturales, el proceso productivo, el productor y la comercialización del producto final, por lo que no puede, ni debe manejarse como una acción aislada. Se deben mejorar las condiciones fitosanitarias y de manejo, para incrementar la producción, productividad, entre otros, con la necesidad de generar y transferir tecnologías que garanticen, competitividad y sustentabilidad de cada circuito agroalimentario.

Debe existir la motivación, donde se capacite al personal, fomentando cursos, abarcando esfuerzos dirigidos a la satisfacción de necesidades de los empleados y la gerencia. Tomando en cuenta las situaciones inesperadas, buscando optimizar los recursos con que cuenta la unidad productiva, reduciendo los costos y expandiendo los mercados.

La asistencia técnica es de gran importancia para unificar criterios de manejo, además de vinculación con organismos privados, organizaciones gremiales, organismos de investigación, sectores oficiales, entre otros. Luego se debería realizar (o revisar) la misión y la visión de la unidad de producción con la participación y opinión de todo el equipo de trabajo estructurado. Se procedería al establecimiento de los objetivos de la unidad de producción: sociales, ambientales, técnicos y económicos.

7. Realizar un programa de Fertilización

La nutrición mineral es otro factor que juga un papel primordial en los procesos fisiológicos, el rendimiento y la calidad de las plantas; el comportamiento que las plantas puedan tener para contrarrestar el estrés hídrico aunado a la nutrición mineral, se transforman en procesos fisiológicos que desarrollan las mismas para lograr sobrevivir y poder producir según las condiciones presentes. Con la finalidad de establecer un óptimo programa de fertilización, es esencial conocer los requerimientos de los diferentes órganos de la planta durante cada período del ciclo de crecimiento, divididos en diferentes fases y con ellos sus requerimientos nutricionales.

La fertilización es la práctica que se realiza para suministrar a la planta los nutrientes necesarios para su normal desarrollo. Se debe realizar un programa de fertilización, de acuerdo al resultado del análisis de suelo, que incluya las cantidades, productos y fechas de aplicación, teniendo muy en cuenta los elementos fósforo, nitrógeno, potasio, calcio, magnesio, entre otros y que el nutriente que se encuentre menos disponible es el que limita la producción, aún cuando los otros se encuentren en cantidades suficientes (foto 8).

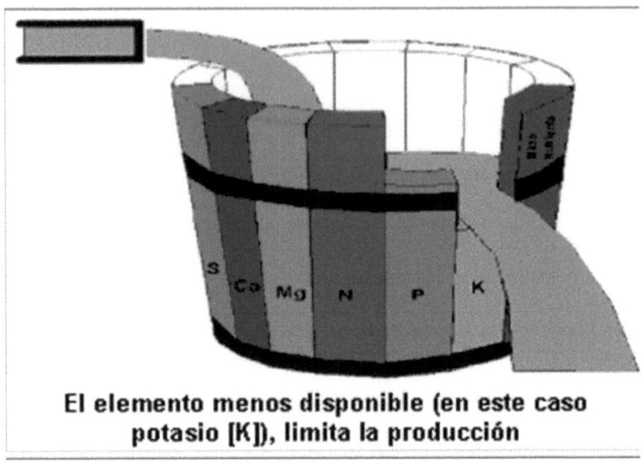

Foto 8. Ley del mínimo.

La fertilización se debe realizar, pero es necesario tomar las muestras de suelo para detectar problemas de tipo químico y físico de los mismos, lo cual permitiría establecer un programa de fertilización utilizando las fuentes y cantidades necesarias. Se sugiere realizar el programa de fertilización de acuerdo al resultado del análisis de suelo, que incluya las cantidades, productos y fechas de aplicación.

La elaboración y uso de fertilizantes debe estar respaldado por recomendaciones técnicas que consideren el sistema suelo-planta-clima, de tal manera que los productos sean aplicados los más eficientemente posible para las plantas y de la forma menos impactante posible sobre el ambiente; buscando que las plantas puedan adsorber cantidades suficientes de todos los nutrientes esenciales, de tal manera que se cubran sus requerimientos a todo lo largo de su ciclo de vida.

Las plantas requieren de elementos minerales esenciales para su desarrollo y producción. Entre estos elementos esenciales se encuentran el carbono, hidrógeno y oxígeno que son proporcionados por la naturaleza a través del aire y el agua. Los restantes como nitrógeno, fósforo, potasio, entre otros, son proporcionados por el suelo. Cada unidad de producción debe contar con su programa de fertilización.

Debe considerarse la humedad del suelo y el estado nutricional de la planta; debe tenerse una humedad adecuada, pero no excesiva en el suelo para que el fertilizante se disuelva en la solución del mismo y pueda ser absorbido por la planta. El fertilizante es un agroquímico, por lo tanto: LEA Y ENTIENDA LA ETIQUETA ANTES DE USAR UN AGROQUIMICO.

Elementos de gran importancia

Fósforo

Elemento poco móvil en el suelo, debe realizarse su aplicación antes de la siembra, al momento de sembrar o poco tiempo después de sembrada la planta, ayuda en el desarrollo radicular de la planta para lograr la absorción de agua, nutrientes, materia orgánica, entre otros.

Nitrógeno

Debe aplicarse en forma fraccionada (tres aplicaciones) para disminuir pérdidas por volatilización; forma parte de las proteínas y la molécula de clorofila, interviene en el desarrollo foliar y crecimiento de la planta.

Potasio

Interviene en la fotosíntesis, respiración y desarrollo de los frutos.

Productos y Dosis

De acuerdo al resultado del análisis de suelo entregado por el respectivo laboratorio, debe ser elaborado el programa de fertilización por el ingeniero (a) agrónomo (a) que presta la asistencia técnica, colocando el producto y la dosis a utilizar, verificando en el mercado la disponibilidad del fertilizante y sus precios. La cantidad a aplicar de una mezcla o formula completa se calcula a base de su formula para mantener los pesos equivalentes de las dosis individuales.

Análisis foliar

Se debe realizar el análisis foliar como una herramienta esencial para el diagnóstico nutricional de las plantas, midiendo el contenido total de los nutrientes presentes en las hojas a través de procedimientos químicos específicos. La toma de muestras debe realizarse con asesoramiento, con el fin de asegurar una muestra representativa para efectuar un buen análisis y diagnóstico. Se debe acudir al laboratorio de su preferencia y solicitar la logística y cantidad de gramos por muestras antes de llevarlas al laboratorio en bolsas plásticas y debidamente identificadas con el nombre del productor, nombre de la unidad productiva, sector, zona, entre otros.

En la plantación o potrero, se realiza un recorrido en zig-zag, seleccionando el número de plantas por hectárea dependiendo del rubro; consulte un (a) ingeniero (a) agrónomo (a). Se coloca la parte foliar en una bolsa; se cierra al finalizar de tomar todas las muestras, se identifica y se lleva al laboratorio.

8. Colocar un sistema de riego

El agua está considerada como un elemento esencial para la vida; y en referencia a las plantas, desempeña varias funciones únicas. Se considera que una cantidad limitada o excesiva de agua en las plantas, constituye un factor inductor de situaciones adversas o estresantes.

El riego es una alternativa para cubrir algún déficit de agua presentado por un cultivo o tipo de pasto, según la necesidad o la zona, se puede requerir de riego para cubrir la cantidad de agua necesaria que se requiere y para regularizar la producción en períodos de baja precipitación. Las plantas muestran necesidades hídricas, dependiendo de su desarrollo, área foliar, entre otros; dependiendo de la evapotranspiración se necesitan una cantidad de milímetros de agua, para lograr una suplencia uniforme de agua. Esta cantidad debe ser ajustada a las condiciones de suelo como textura, estructura, profundidad, permeabilidad, entre otros y a las condiciones de clima que determinan la evaporación para tener el volumen que debe ser aplicado cada día o cada semana.

Períodos críticos

Existen métodos adecuados para determinar el momento de aplicación de agua por un método de riego, sin embargo, en la práctica sencilla de campo se puede atender algunos indicadores como la flacidez de las hojas, la humedad del suelo y la fecha del último riego o lluvia.

Por el sistema de riego

Aplicación simultanea de agua y fertilizante, se realiza un programa con la cantidad diaria a suministrar. Se recomienda instalar el sistema de riego, se coloca en funcionamiento y se evalúa la capacidad de campo, cantidad de agua requerida, tomando en cuenta el tipo de suelo, estructura, evaporación, entre otros. Se mide el tiempo y se toma la decisión de cuantas horas o minutos regar por día, con la aplicación diaria de fertilizante requerido por la plantas. Se elabora el programa de fertilización para cada etapa.

Si llueve se revisa el pluviómetro, observando la cantidad de agua caída producto de la lluvia y se toma la decisión de encender el sistema de riego o no; por ejemplo, si se determina que se va a regar cinco milímetros de agua por día y llueve un lunes, se observa en el pluviómetro la cantidad de agua caída, por ejemplo dos milímetros de agua; se deben regar ese mismo lunes tres milímetros de agua para completar la necesidad diaria de la planta. En otro caso, si ese lunes hubiera llovido diez milímetros de agua, no se regaría ni lunes, ni martes.

Métodos de riego

Surcos: utilizados cuando no se puede realizar una inversión inicial.

Aspersión aérea: con tubos móviles o fijos y aspersores; con el inconveniente de que el agua pudiese golpear algunas plantas y producirse una mala distribución de la humedad del suelo, perdida de fertilizantes y mayor proliferación de malezas (foto 9).

Foto 9. Aspersión aérea.

Goteo: con cintas de riego que colocan el agua al lado de la planta, evidentemente la inversión inicial es alta, pero los costos de operación se reducen. Tiene la gran ventaja de realizar una aplicación simultánea del agua de riego y los nutrientes esenciales para el cultivo de manera localizada y con elevada frecuencia. Está compuesto por el equipo de filtrado (foto 10), mangueras y llaves de paso (foto 11), cintas de riego (foto 12), entre otros.

Foto 10. Equipo de filtrado.

Foto 11. Mangueras y llave de paso.

Foto 12. Cintas de riego por goteo.

Frecuencia de riego

Dependerá del cultivo o tipo de pasto, tipo de suelo, las condiciones climáticas, logística de la unidad productiva, entre otros. Se coloca en funcionamiento el sistema de riego y se realiza un recorrido para evaluar la capacidad de campo y el tiempo a regar.

9 Planificación de actividades

Los productores deberían realizar la planificación de todas las actividades en sus unidades de producción, realizando dicha planificación de forma escrita, de manera que se pueda asegurar el logro de los objetivos, con por un alto nivel de aplicación de la planificación, con planes y objetivos concretos, elaboración del presupuesto.

Destacando que la planificación constituye una función básica y punto de partida de la gestión. Se concibe como un proceso continuo y sistemático en el que las personas toman decisiones sobre acciones futuras, sobre el respaldo que deben tener dichas acciones y cómo evaluar y medir el éxito. Resultando en un procedimiento formal para generar resultados articulados, en la forma de un sistema integrado de decisiones; o lo que es lo mimo, la planificación se refiere a la formalización, lo que significa la descomposición de un proceso en pasos claros y vinculados.

Los productores llegaron a formar un grupo y han evolucionado en el tiempo, pero es necesario conocer si planifican las actividades a realizar, utilizan indicadores económicos, identifican los nudos críticos existentes, entre otros, que apoyen la toma de decisiones para mejorar los procesos gerenciales con soluciones prácticas y efectivas para lograr cambios positivos que se reflejen en los aspectos económicos de los distintos sectores tanto grupales como individuales.

Ahora bien, se debe identificar y establecer la misión, negocios, mercado, clientes, objetivos, metas, competencia, ambiente externo, condiciones internas, estrategias, acciones, operaciones, talento humano, recursos, seguimiento, decisiones de control, entre otros.

Como parte de la planificación se deberían fijar metas y objetivos, introduciendo nuevas tecnologías, realizando un manejo apropiado de los problemas, tomando las decisiones, considerando los resultados obtenidos en las producciones anteriores, así como, la información obtenida de diversas fuentes. Luego se tendrían que evaluar opciones para inversiones necesarias que se ameriten, para lograr posicionar cada unidad productiva como un negocio estable que perdure en el tiempo y que se constituya como una verdadera referencia en la respectiva zona, elemento que pudiera ser determinante para el éxito.

Por lo tanto, es de suma importancia que los productores utilicen herramientas eficientes de planificación y no solamente conozcan cuánto dinero percibieron en determinado tiempo. Deberían conocer cuánto fueron los ingresos, egresos y costos totales, entre otros. Manejar registros e indicadores económicos que les permitan negociar, obteniendo mejores beneficios. Los indicadores económicos serían herramientas necesarias para poder mejorar, la productividad, la capacidad competitiva, calidad y rentabilidad, manejando el valor del punto de equilibrio, para poder estimar los efectos económicos y como considerar ese parámetro, detectar errores y corregirlos, estableciendo estrategias que les permitan perdurar en el tiempo exitosamente (foto 13 y 14).

Foto 13. Planificación en el rubro Caña de azúcar

Foto 14 Vivero del rubro Cacao.

En este sentido, es de gran importancia que los productores junto con su equipo de trabajo tomen en cuenta todos los costos de producción hasta la comercialización del producto final. Que cada productor maneje su análisis de costos y beneficios del cultivo, logrando una mayor rentabilidad por hectárea, mayor eficiencia y aprovechamiento de los recursos. Utilizando la planificación como un proceso permanente, donde vinculen la apreciación que tienen con las acciones que quieren realizar para alcanzar sus objetivos. Evaluando la situación actual, con los responsables, los recursos con que se cuentan, con la elaboración de un plan y ejecución del mismo con supervisión y ajustes.

Realizar la planificación de actividades por escrito, conjuntamente y de manera participativa con los integrantes de la familia, tomando en cuenta el punto de equilibrio, productividad, ingresos y costos por hectárea, cómo se va a trabajar la unidad de producción durante un tiempo determinado, para lograr el cambio (mediante la autogestión) hacia una unidad de producción sostenible desde el punto de vista social, económico y ambiental, que incluya el monitoreo y evaluación

El mantenimiento de una plantación o potrero requiere de la realización oportuna de una serie de prácticas agrícolas, tendientes a mantener la producción del mismo, a niveles de productividad por hectárea por encima del umbral económico aceptable, lo cual es solamente posible, cuando se alcanza y se sostiene la calidad del producto final, cónsono con las exigencias del mercado.

En este sentido, es de imperiosa necesidad que se cuente con sus necesidades básicas de fertilización, riego, entre otros, siendo fundamental mantener sus niveles óptimos de población (densidad de plantas), un programa de manejo de malezas, insectos y enfermedades que comprenda tanto la prevención como la terapia. Se debe establecer un plan de trabajo con secuencia lógica, regido por las condiciones del área, el régimen de manejo, el mercado, entre otras (foto 15).

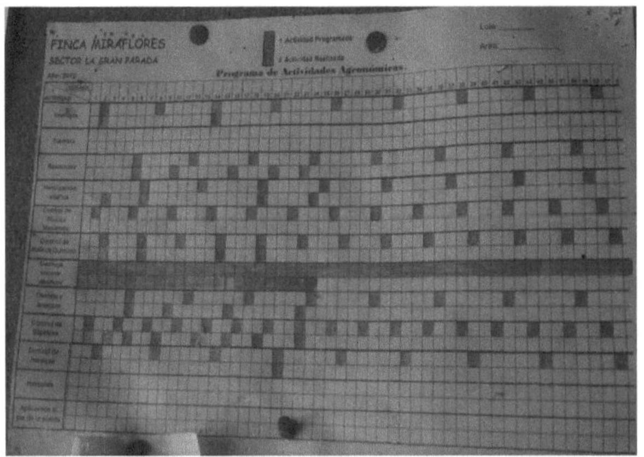

Foto 15. Planificación de actividades.

Se debe planificar la frecuencia con que se programan las actividades a realizar, se deben asignar responsables para cada actividad a realizar, para poder lograr los objetivos planteados, con la elaboración de un plan de trabajo que incluya la supervisión.

10 Llevar registros

En relación a los registros, para afrontar el dinamismo actual del mercado y la existencia de un ambiente muy competitivo se requiere de una gran habilidad para analizar la información obtenida antes de tomar cualquier decisión, que en muchos casos, puede ser muy compleja; para ello se debe contar con sistemas de información o registros que ayuden en la labor de disponer de información veraz en el momento oportuno para apoyar el proceso de toma de decisiones cuando se ejerzan las funciones gerenciales.

Hay que revisar que se estén llevando registros en las unidades de producción, de las diferentes actividades realizadas y cuales indicadores se estarían utilizando para comparar el factor de producción presente con uno de producción dentro de una previsión de gestión económica de carácter competitivo. Evidentemente, los registros tienen gran importancia por que indican toda la actividad económica que se realizó en las unidades de producción y se podría realizar un seguimiento de las diferentes fases presentes en la actividad.

Se deben anotar los costos que se realizan durante todas las etapas productivas de un cultivo, esto ayuda a saber cuando y cuánto es la cantidad de dinero que se necesita para determinada labor. Los registros le permiten al productor conocer los costos totales durante el periodo del cultivo y los ingresos. Los registros ayudan a tener información veraz y real para decidir que opción es la más correcta en una determinada situación.

Al conocer y manejar los registros, se podrían tomar mejores decisiones; siendo un punto de gran importancia, para lo cual, debe haber conocimiento y determinación en lo que se está decidiendo; conociendo los factores que puedan tener mayor incidencia y afectación en la toma de decisiones como económicos (efecto inflacionario, disponibilidad de recursos), normativos (falta de apoyo, escaso conocimiento de la planificación), personales y comunitarios (falta de tiempo), sociales (relaciones conflictivas), políticos (diferencias políticas), físicos (falta de infraestructuras), entre otros, realizando planillas y llevando todo por escrito con los responsables asignados (foto 16).

Nombre de la empresa:				**Año:**	
PROGRAMA DE SANEAMIENTO					
Zona/ Lugar	**Tratamiento**	**Instructivo/Registro**	**frecuencia**	**Materiales**	**Responsable**
Pisos	Limpieza	IL001	Diaria	Detergente	
Paredes	Limpieza	IL002	Semanal	Detergente	
Mesas	Limpieza y desinfección	II-003 ID-001	Diaria	Detergente Desinfectante	

Foto 16. Registros.

Se deben manejar muy bien los ingresos para hacer un máximo aprovechamiento de los mismos, lo que implicaría, que se debe hacer una mejor utilización de los recursos, evitando desperdicios, tratando de obtener más volumen producido por volumen gastado, para que la inversión rinda lo más posible. De igual modo, al conocer los costos de producción se facilita el establecimiento de criterios para controlarlos, lo que permite operar con una mayor eficiencia los recursos y mejorar la rentabilidad de la unidad de producción.

Por lo tanto es necesario utilizar los registros, los patrones de comportamiento de los mismos para ayudar a los involucrados en sus actividades de toma de decisiones. La forma en que se comportaron dichos registros en relación con la actividad, verificando si hubo cambios. La actividad se puede medir en una variedad de maneras dependiendo de la organización, el tipo de registro que se está analizando y la razón para el análisis de estos.

Si los productores conocieran la información de los costos y la proyección a cosecha y comercialización del producto final, podrían ir tomando decisiones importantes en el manejo gerencial con un conocimiento claro y preciso de lo que podría suceder e ir revisando frecuentemente para comparar las metas y objetivos que se trazaron en las reuniones realizadas con anterioridad.

Los registros se deberían estar revisando constantemente, para saber si se va a alcanzar la meta que se propuso al iniciar el respectivo periodo, con niveles gerenciales de mayor exigencia y optimización, con maximización de los niveles productivos, y los recursos internos y externos, con criterios de conservación ecológica a través de un mejor uso de los diversos recursos presentes en dichas unidades productivas. Se pueden llevar registros contables o de producción, estableciendo cuál fue el estado de ganancias y pérdidas en cualquier año fiscal, en detrimento de la toma de decisiones, planificación y evaluación de la actividad productiva.

Es de resaltar que se requieren realizar cambios en los factores que inciden en la utilización del patrón de producción presente y uno de producción dentro de una previsión de gestión económica de carácter competitivo. Llevando registros de todas las actividades realizadas, con trabajadores motivados, constante actualización, sistemas flexibles, calidad total y responsabilidad tanto social como ecológica. Además hay que incluir la ética, la moral, la cultura, la educación, los valores y principios.

11 Conocer y manejar los indicadores

Los indicadores constituyen fuentes de información necesarias para el manejo integral de una empresa, organización, procesadora, unidad de producción, entre otros; pero hay que tener en cuenta que deben ser: exactos, presentando la situación como realmente es; entender y conocer su forma de presentación (cualitativa, cuantitativa, gráfica, entre otras); decidir la frecuencia con que se requiere, se produce o se analiza; decidir el alcance por su cobertura del área de interés; que la fuente generadora sea la correcta; aclarar su temporalidad: registra hechos o situaciones pasadas, actuales o proyecta el futuro, según se requiera; conocer la relevancia, la información es relevante si es importante para una situación concreta; que sea integral, si proporciona un panorama completo del fenómeno determinado que se intenta entender y analizar y oportunos: se refiere a estar disponible cuando se necesitan.

Los indicadores se pueden clasificar en de ventaja competitiva, desempeño financiero, flexibilidad, utilización de recursos, calidad de servicio y de innovación. Igual se pueden clasificar en tres dimensiones: económicos (obtención de recursos), eficiencia (producir los mejores resultados posibles con los recursos disponibles) y efectividad (el nivel de logro de los requerimientos u objetivos).

Para que un indicador sea útil y efectivo, tiene que cumplir con una serie de características, entre las que destacan: relevante (que tenga que ver con los objetivos estratégicos de la organización); claramente definido (que asegure su correcta recopilación y justa comparación); fácil de comprender y usar; comparable (se puedan comparar sus valores entre empresas, y en la misma organización a lo largo del tiempo), verificable y costo-efectivo (que no haya que incurrir en costos excesivos para obtenerlo).

En cada unidad de producción se deberían utilizar indicadores como fuentes de información, como un valor agregado donde se podría comparar resultados en busca de una mejora continua. Se deberían operar aspectos competitivos a ser considerados en el contexto, como capacidad de innovación, niveles de inversión, incrementos en la productividad, desarrollo del talento humano, utilización eficiente de los recursos, costos, responsabilidad, entre otros, con resultados que sean verificables, de fácil cuantificación, medición y determinen hacia donde se debería dirigir la unidad de producción o empresa.

Los indicadores a utilizar según el rubro podrían ser, ingresos y costos totales mensualmente, frutos cosechados o cajas producidas mensualmente, litros de leche o kilos de carne obtenidos al mes, entre otros. Al conocer esta información se diseñarían las estrategias para lograr aclarar interrogantes cómo: ¿cuánto será la producción mensual?, ¿cuánto será la rentabilidad?,

¿cuál fue el ingreso neto o los costos totales?, ¿cuántos kilos o litros se obtendrían al día?, ¿cuáles son las prácticas agronómicas adecuadas?, ¿en qué momento se deben realizar?, para poder de esta forma evaluar y preparar las próximas actividades a realizar.

Al conocer los indicadores, se podría trabajar en forma más ordenada y eficiente al programar sus actividades, guiadas por un plan de acción que incluya una visión de hacia dónde se quiere desarrollar la unidad productiva a mediano y largo plazo. Además, esto podría ayudar a solucionar problemas, aprovechar las oportunidades que se presentan, usar de buena manera los recursos disponibles o gestionar en forma más efectiva los recursos.

En este contexto, al conocerse los indicadores, se podría realizar un plan de acción para prevenir, detectar y solucionar problemas, aprovechando las oportunidades que se presenten y los recursos disponibles. Donde se podría definir el rol y responsabilidad de cada involucrado en el proceso, dejando por escrito las actividades a realizar con su respectivo seguimiento para intentar mejorar las diferentes áreas en todo el proceso y lograr la reducción de costos, incrementando la productividad, con consecuente aumento de los ingresos netos.

En este contexto, se realizaría un seguimiento y análisis para confrontar la realidad de lo que está sucediendo en cada unidad de producción. Por lo tanto se debería manejar mensualmente el punto de equilibrio, con una revisión de los costos y los ingresos, siendo un indicador indispensable de como se está manejando la unidad de producción, para tomar decisiones sobre las medidas a tomar en el manejo integral de la empresa.

En este sentido, es de gran importancia conocer el punto de equilibrio de producción del cada rubro; por ejemplo, se determinan los ingresos por hectárea al año, proveniente de multiplicar el volumen de producción por el precio del mismo durante un año. Se realiza un análisis detallado con el porcentaje de los costos de producción por hectárea, con los costos fijos y los costos variables.

Se hace necesario que se intensifique la producción de cada rubro, que se traduzca en un proceso económico de crecimiento, tanto a nivel micro (mejoras de la economía familiar) como a nivel macro (mejoras o crecimiento en la economía municipal, regional y nacional). Con un llamado a todos los actores, donde los productores requieren tener la seguridad de rentabilidad para satisfacer las necesidades estructurales de la familia y del lugar en que viven.

Los productores al conocer el punto donde los ingresos equilibraron los costos, deberían estimar los efectos económicos o como considerar este parámetro en el tiempo, así mismo las medidas administrativas que deberían tomar en el mediano plazo, como racionalización de costos o aumentar la productividad por hectárea.

La determinación del punto de equilibrio es uno de los elementos centrales en cualquier tipo de negocio, permite determinar el nivel de ventas necesario para cubrir los costos totales; es decir, el nivel de ingresos que cubren los costos fijos y los costos variables. Es una herramienta estratégica clave a la hora de determinar la solvencia de un negocio y su nivel de rentabilidad. Con la importancia de que se conocerían los costos fijos, los costos variables, volúmenes de producción y ventas.

El punto de equilibrio es una herramienta importante; su determinación permite comprobar la viabilidad del negocio; si hay constancia en el ritmo de los ingresos también lo habrá en el rango o momento en que se alcanzará el punto de equilibrio. Si la actividad económica se desestabiliza y se hace más volátil, también el punto de equilibrio tendrá volatilidad, desplazándose hacia fuera del rango habitual y provocando problemas de liquidez que obligarán a tomar decisiones en el manejo de la unidad de producción. Estas señales de comportamiento son posibles de determinar con el análisis del punto de equilibrio.

En este contexto, se tendría que realizar una revisión de las responsabilidades de funciones, para luego ser definidas, nivelando la realización del trabajo y efectividad. Que la toma de decisiones se encuentre basada en antecedentes fundamentales concretos, con el pleno conocimiento de las distintas variables que se puedan presentar.

12 Conocer los nudos críticos

Por nudo crítico se entiende toda aquella situación o elemento que perjudica el desarrollo eficiente de una empresa en el logro de sus objetivos y metas, traduciéndose en que sean poco eficientes. Son causas claves que afectan positivamente el problema que se ha identificado. Es necesario conocer los nudos críticos presentes en todo proceso para poder cumplir con las metas y medir las desviaciones con decisiones acertadas.

Se deben identificar los nudos críticos en cada proceso con la participación de todos los involucrados, para que luego de la mencionada identificación se pueda definir la responsabilidad de cada persona en el proceso. Que todo quede por escrito, con las actividades a realizar y sus respectivas fechas, por supuesto con los recursos que se necesitan. Que se elaboren todas las actividades con anticipación y por escrito con seguimiento para que se trate de mejorar las diferentes áreas, la búsqueda de la reducción de costos en todo el proceso, el incremento de la productividad y de los ingresos netos (foto 14).

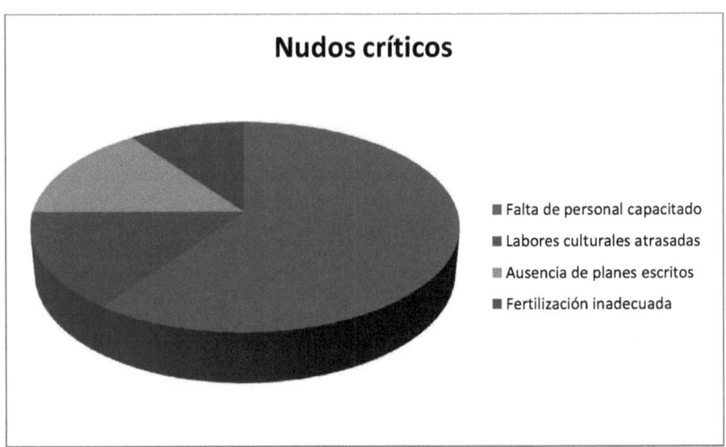

Foto 14. Nudos críticos.

Por lo tato, identificados los nudos críticos y con el conocimiento de los indicadores, se procedería a definir el rol y responsabilidad de cada involucrado en el proceso, dejando por escrito las actividades a realizar con sus respectivas fechas y los recursos que se necesitan. La elaboración de las diferentes actividades con anticipación y por escrito con su respectivo seguimiento contribuiría a mejorar las diferentes áreas de todo el proceso y el productor, esposa e hijos valorarían su unidad de producción con un mayor sentido de pertenencia y pertinencia.

Por lo que se trabajaría con una previsión de gestión económica de carácter competitivo, donde se podrían optimizar los procedimientos, llevando registros y planificando todas las actividades para lograr la reducción de costos en todo el proceso administrativo y de producción, incrementando la productividad, con consecuente aumento de los ingresos netos.

Se deben establecer los objetivos, las estrategias y las acciones a seguir, con planes de desarrollo que busquen mejorar la calidad de vida y que tomen en cuenta el nivel de educación, cultura y conciencia de los beneficiados, con una relación y complemento entre los diferentes grupos del sector rural, para que mejoren con base a sus propios recursos y capacidades, que se organicen y que participen en la toma de decisiones de su comunidad. Es necesario que se dicten charlas con posterior seguimiento para mejorar la situación.

13 Pertenecer a alguna asociación

Es recomendable Intercambiar experiencias positivas, negativas, en manejo, procesos gerenciales, técnicas organizacionales, evaluación de resultados de las actividades realizadas, fortalecimiento de la organización, participación comunitaria, intercambio de inquietudes, prácticas o tecnologías a trabajar o mejorar, entre otros. Que no se presente apatía hacia la participación, con intervención, informativa, consultiva, de implicación activa. Con un proceso de aprendizaje entre los actores, con asesoría y el adiestramiento necesario para mejorar el desempeño y lograr satisfacer las diferentes necesidades existentes (foto 16).

Foto 16. Asociación de productores.

Es necesario el surgimiento de organizaciones de productores que permitan el intercambio de experiencias, la creación de programas de investigación, asistencia técnica, trabajar en conjunto con los organismos, universidades, empresas privadas, comercializadoras, agroindustria, entre otros. Donde se proporcione información que permita evaluar a corto, mediano y largo plazo el comportamiento de las variables relevantes para la formulación de planes inmediatos, tomando en cuenta los probables sucesos futuros, midiendo constantemente los programas reales, controlando las metas que se desean alcanzar, para generar sistemas de producción donde se evalúen las salidas del proceso actual y se comparen con las metas.

Utilizando estrategias para mejorar la participación y motivación de todos los involucrados, con un cambio cultural que luego se extienda a la sociedad en un escenario de apertura al diálogo, con el trabajo en red, la participación y el trabajo en equipo como premisas básicas para lograr el cambio deseado, donde se involucraron todos los factores. Cuando se está organizado es más fácil acudir a los entes y establecer acuerdos, adquirir maquinarias, equipos, tener acceso a créditos, entre otros.

Así mismo, realizar reuniones para intercambiar experiencias positivas que sirvan para la mejoría de todos y experiencias negativas para que no se repitan, manteniendo e incrementando las relaciones interinstitucionales entre las unidades de producción y las universidades para el intercambio de conocimientos, recursos educacionales, tecnológicos y gerenciales para obtener un beneficio mutuo.

Continuando con la búsqueda de alternativas viables para lograr el desarrollo agrícola y pecuario, con planes que se orienten en el trabajo, con pequeños y medianos productores organizados para incrementar la productividad de la zona y mejorar la calidad de vida de sus pobladores. Debería existir una inclusión social y equidad; la educación debe orientarse a la formación integral, al cambio, a la articulación con el sistema educativo, basada en la justicia, la libertad, la solidaridad y la cooperación.

Hay que revisar la falta de organización de los productores tanto en el proceso productivo, como en la comercialización del producto final, para fomentar, coordinar, ejecutar programas destinados a la organización y consolidación. Promoviendo el adiestramiento y la capacitación técnica; facilitando la generación de capacidades en las familias rurales para que sean protagonistas de su propio desarrollo y puedan contribuir de manera eficaz con el desarrollo rural sostenible en cada zona, facilitando la generación de capacidades humanas para la participación consciente y activa en los procesos de cambio.

Es de extrema urgencia establecer un servicio de extensión agrícola permanente, orientado al estímulo de capacidades en las familias rurales como gestoras de su propio desarrollo, a fin de lograr su participación activa en los procesos de cambios sociales, económicos y tecnológicos requeridos para mejorar sus condiciones de vida.

Con la organización de los productores se pueden promover cambios que se adapten a las unidades productivas, con estrategias que les permitan mantenerse y perdurar en el tiempo, con la discusión e identificación de problemas técnicos y económicos para establecer programas para mejorar el proceso gerencial de la finca. En las diferentes reuniones actualizar conocimientos periódicamente de tal forma que se puedan analizar situaciones proponiendo de manera efectiva actividades para beneficios de todos los involucrados, fortaleciendo e impulsando proyectos de extensión con alto impacto social, ofreciendo respuestas a las diferentes necesidades con una acertada capacidad de gestión, donde se desarrolle e implementen acciones de motivación, fortalecimiento y organización a través de las instancias de participación local con la finalidad de ampliar y profundizar cualitativamente la participación protagónica.

En este sentido, se tendrían que realizar reuniones con todos los involucrados, para realizar un programa de capacitación con talleres sobre principios, valores y ética. Elaborar planes de trabajo, utilizando los indicadores recomendados para comparar procesos y resultados.

Es importante destacar la participación de las universidades y escuelas técnicas de la zona, para la formación del talento humano mediante la asistencia técnica, la generación de conocimientos teóricos y prácticos, a través de las funciones de docencia, investigación y extensión. Para poder dar respuesta a las demandas de las comunidades para corroborar las exigencias de una sociedad cada vez más cambiante.

14 Realizar un manejo integral de malezas

Las malezas son plantas no deseadas, que compiten con las plantas por espacio, nutrientes, agua, entre otros. Se encuentran numerosas especies de diferentes familias; cada tipo de maleza necesita un tratamiento particular para anular o minimizar su competencia con el cultivo (foto 17).

Foto 17. Malezas.

Existen aspectos relevantes para lograr un manejo integrado de malezas, el cual debe ser orientado a la integración de diferentes métodos de control de manera que unos se complementen con los otros en función del sentido ecológico y de sostenibilidad.

Las malezas compiten por espacio, nutrientes, agua, luz, entre otros, lo que trae como consecuencia la reducción de los rendimientos y de la calidad. El control se debe realizar en forma oportuna y eficiente mediante un programa que incluya las fechas de control y métodos mecánicos como la rotativa, desmalezadora, escardilla, machete y control químico; con rotación de ingredientes activos con diferentes mecanismos de acción, leyendo y entendiendo la etiqueta de los productos antes de utilizarlos y no realizando un uso excesivo de los herbicidas, sino que por el contrario ir disminuyendo el número de aplicaciones al año.

Un manejo efectivo de las malezas comienza con un recorrido del potrero o cultivo, para evitar el establecimiento y crecimiento de las mismas con una estrategia integral de manejo, combinando prácticas preventivas y prácticas para reducir la presencia de las mismas, conociendo cuáles son las especies o los grupos de malezas más problemáticas en la unidad productiva, su ciclo de vida, época de floración, habilidad para propagarse, los suelos que prefieren y su respuesta a diferentes prácticas de manejo (capacidad de rebrote, susceptibilidad a diferentes herbicidas, capacidad para competir con las especies forrajeras y preferencias de consumo por parte del ganado).

Esto indica que no debe tenerse una metodología única de combate, sino varios métodos para combinarlos o alternarlos según la condición de la plantación y tipos de malezas.

Época de control

Las malezas se deben combatir en sus primeros estadíos de vida, cuando poseen 3 o 4 hojas (aproximadamente 10 cm de altura) ya que es la edad en la cual la maleza es más susceptible y todavía no ha iniciado la competencia con el cultivo.

Métodos

Mecánicos

Rotativa o motocultor: Se pasa entre las hileras con cuidado para no producir daños a las plantas.

Escardilla: Corta a ras del suelo las malezas, por lo que la hace una labor más profunda; resulta lenta y costosa, utilizado en áreas pequeñas.

Machete: ha sido el método tradicional de control de malezas en las plantaciones pequeñas. Se hace en las primeras semanas de crecimiento del cultivo; es evidente que el corte frecuente elimina la competencia pero encarece los costos de producción.

Químicos

Consiste en la aplicación de herbicidas de diferentes modos de acción. Los cuales pueden ser: de contacto, de acción directa por quemado del follaje; de acción por la raíz, aplicados al suelo; sistémicos, herbicidas que son transportados dentro de la planta para ejercer su acción.

Debe realizarse un recorrido en la plantación o potrero y anotar el porcentaje de malezas presentes y predominantes para tomar decisiones de manejo de las mismas. Las aplicaciones con herbicidas deben realizarse desde tempranas horas de la mañana, cuando en las malezas se presenta la apertura estomática, luego al acercarse el medio día se produce el cierre estomático en las hojas de las mismas, por lo que no se recomienda continuar con la aplicación del herbicida.

Un manejo efectivo de las malezas comienza con un recorrido del área para evitar el establecimiento y crecimiento de las mismas con una estrategia integral de manejo, combinando prácticas preventivas y prácticas para reducir la presencia de malezas, conociendo cuáles son las especies o los grupos de malezas más problemáticas en la unidad productiva, su ciclo de vida, época de floración, habilidad para propagarse, los suelos que prefieren y su respuesta a diferentes prácticas de manejo (capacidad de rebrote, susceptibilidad a diferentes herbicidas, capacidad para competir con las cultivos y especies forrajeras.

15 Realizar un manejo integral de Insectos

Es importante realizar un manejo integrado de insectos, el cual debe estar encaminado a la integración de diferentes métodos de control, de manera que unos se complementen con los otros en función del sentido ecológico y de sostenibilidad.

Diferentes insectos atacan la raíz, el tallo, las hojas y los frutos de las plantas en mayor o menor grado. En los últimos años estos problemas se han agravado quizás por el uso indiscriminado de los insecticidas, lo cual ha ocasionado la muerte de la fauna beneficiosa (predadores, parásitos, entre otros) y el incremento de las formas dañinas a los cultivos, hasta el punto de aparecer numerosas nuevas especies atacando las plantas. Es evidente que el control de estos agentes dañinos debe ser a base de un conjunto de prácticas sanitarias aplicadas adecuadamente para mantener el daño por debajo del nivel crítico económico (foto 18).

Foto 18. Mosca Blanca

Insectos del follaje

Frecuentemente las hojas de las plantas aparecen levemente comidas por insectos masticadores, estos daños se intensifican en algunas áreas, en determinadas épocas, regidas por las condiciones ecológicas existentes.

Por ejemplo, varias especies en los ordenes Orthoptera (Familias Acricidae y Tettigoniidae) y Lepidoptera (Familias Brassolidae, Limacodidae, Megalopygidae, Saturniidae, Syntomidae); inciden con mayor o menor intensidad en las diferentes zonas; todos o algunos de ellos aparecen en conjunto por lo que el manejo debe ser también global.

Manejo

Se recomienda realizar un manejo integrado de insectos, como un conjunto de herramientas que trata de mantener los mismos a niveles que no causen daño económico. No se tienen índices críticos pero es evidente que cuando se inicia un ataque, de prevalecer las mismas condiciones climáticas favorables para el desarrollo de los insectos, este se iría incrementando de generación en generación hasta alcanzar proporciones críticas.

En muchos casos el control es innecesario y además erróneo, ya que no se utilizan diagnósticos precisos que determinen la existencia del insecto en campo o que en realidad sea un daño comercial, siendo necesario confirmar que los problemas presentes asociados a un daño o al bajo rendimiento de las plantas es por otro motivo, provocando un aumento de los costos y de la contaminación por el uso de agroquímicos.

Hay que realizar un diagnóstico considerando factores de origen ambiental, fisiológico o de manejo que pudiese tener un efecto similar en la planta, no obstante lo que llama la atención son las medidas preventivas y de control tomadas en las unidades productivas, que se basan principalmente en aplicaciones de productos químicos, que se destacan en el mercado por ser de rápida acción y eficacia, dejando a un lado que el empleo de estos elementos no es seguro y en el mayor de los casos no es necesario, especialmente porque son de composición fuerte, altamente nocivos y tóxicos para animales, humanos y el ambiente.

Se deben tomar medidas preventivas como:

- Mantener la plantación libre de malezas.
- Supervisión, con recorridos por toda el área.
- Utilización de trampas elaboradas en la misma unidad productiva.
- En la mayoría de los casos el uso de insecticidas químicos es contraindicado ya que por ejemplo, no solamente eliminan los gusanos comedores del follaje, sino también a otros insectos benéficos que en algunos casos parasitan o atacan a aquellos.

Lo importante es que se realicen recorridos con supervisión. Evaluando la presencia de cada insecto, conociendo el daño y ciclo de vida para ir tomando decisiones al respecto. Por ningún motivo se debe realizar la aplicación de un insecticida sin observarse la presencia del insecto.

16 Realizar un manejo integral de enfermedades

La incidencia de enfermedades afecta negativamente la producción, trayendo como consecuencia pérdidas con severos daños, lo que se ve directamente relacionado con la disminución del rendimiento. Entre los principales problemas que se reportan en diferentes zonas, se destaca la falta de prácticas de manejo agronómico, incrementando la presencia de enfermedades, afectando el funcionamiento de las plantas, que según el tiempo de permanencia pueden provocar la pérdida completa de las mismas (foto 19).

Foto 19. Sigatoka Negra en plátano.

Los cultivos son susceptibles a ataques de enfermedades, ya que los fitopatógenos llegan a desarrollarse rápidamente. Es por ello que se debe utilizar una alternativa rentable y factible, donde se pueda prevenir o solucionar la presencia de la enfermedad, disminuyendo o no utilizando productos químicos, los cuales generan alto impacto económico y ambiental.

Se debe conocer la enfermedad, sintomatología, importancia, manejo, monitoreo para evaluar la enfermedad en campo, prácticas culturales oportunas, entre otros. Cada enfermedad no se debe manejar como una actividad aislada, sino como un conjunto de prácticas y acciones coordinadas en el tiempo, con la supervisión constante como un gran protagonista, donde se establezcan programas de control adecuados para disminuir el grave deterioro ambiental y social causado por la aplicación continua e indiscriminada de agroquímicos.

En este sentido, debe realizarse un recorrido en la plantación para evaluar la presencia de enfermedades; se revisa la planta, observándose alguna incidencia, para determinar la situación en que se encuentra alguna enfermedad en la plantación, se anota en una planilla y se van tomando decisiones en base a observaciones reales en campo en cada unidad productiva.

Las enfermedades producen daños en diferentes partes de las plantas, ocasionando la muerte de la misma o afectando significativamente su rendimiento y producción. Hay enfermedades que pueden desarrollarse rápidamente. La detección temprana de estos problemas es la clave para un adecuado control de los mismos, ya que esto permite disminuir las pérdidas, aumentar los costos de producción y aplicación de agroquímicos.

Este problema ha ocasionado que los productores apliquen grandes cantidades de agroquímicos para controlar diferentes enfermedades. Conforme pasan los años el uso irracional de estos agroquímicos han ocasionado una serie de problemas, como lo son la resistencia a algunos productos, pérdidas de superficie sembrada, daños al ambiente, entre otros. En la actualidad se busca una agricultura que sea más amigable con el ambiente sin afectar el rendimiento y calidad del producto final.

El productor debe conocer todas las enfermedades que podrían visitar a su cultivo o pasto, dependiendo de la zona en que se encuentre. Por citar un ejemplo, *Alternaría sp.* es un hongo filamentoso, saprofito, ascomiceto, perteneciente al filo Ascomycota. Este patógeno presenta un micelio de color oscuro y en los tejidos viejos infectados produce conidióforos cortos, simples y erectos que dan origen a cadenas simples o ramificadas de conidios.

Los conidios de *Alternaría sp.* se desprenden con facilidad y son diseminados por las corrientes de aire, este hongo infecta a varias especies vegetales en todo el mundo. Sus esporas están presentes en el aire y polvo; dichas esporas también llegan al laboratorio y crecen como contaminantes en los cultivos de otros microorganismos y sobre los tejidos vegetales muertos destruidos por otros patógenos u otras causas.

Las enfermedades causadas por *Alternaría* se controlan principalmente mediante el uso de variedades resistentes, de semillas tratadas o libres de enfermedad (sanas) y a través de aspersiones químicas con fungicidas tales como el clorotalonil, maneb, mancozeb, entre otros. La rotación de cultivos, la eliminación de restos de plantas (en el caso que estén infectados) y la erradicación de malezas, ayudan a disminuir la cantidad de inoculo que pudiera infectar a las nuevas plantas susceptibles.
Es importante el saneamiento y rotación del ingrediente activo, para evitar resistencia, igual evitar la presencia de malezas en la plantación ya que están sirven de hospederas para algunos hongos.

17 Utilizar alternativas naturales

Uso de extractos vegetales para el control de malezas

El inadecuado uso de los agroquímicos ocasiona problemas al ambiente, afectando el equilibrio de los suelos, como también generando resistencias a las malezas predominantes del lugar, además de los costos que estos generan en su adquisición en grandes cantidades, de allí la importancia de la profundización en el tema de control de plantas invasoras por medio de extractos vegetales, ya que obtener los extractos, elaborarlos y así como aplicarlos sería más factibles que comprar un producto que es un agroquímico y en muchas ocasiones no se cumple el uso y manejo responsable del mismo.

En este sentido, existen plantas que tienen incidencia contra otras, además que la maleza que más predomine en determinada zona es capaz de controlar a las otras, por lo que se debe evaluar el efecto de los extractos vegetales sobre el control de las malezas en las diferentes unidades productivas.

Se recomienda realizar un recorrido en la plantación o potrero con la ingeniera (o) agrónoma (o) para determinar la maleza predominante. Se selecciona la maleza que se presenta en mayor porcentaje por área o potrero; por ejemplo *Cyperus rotundus*, se extrae y se corta en trozos pequeños, luego se deja secar a temperatura ambiente por 12 horas.

Para la preparación del extracto, se corta en trozos de 3 cm y se sumergen en envases con agua por 12 horas, se procede a licuarlos con la misma agua que fueron almacenados, se agrega agua hasta la obtención de una relación 1:1 (por cada litro de agua, 1 kg de hoja); este licuado se realiza sin llegar a pulverizar (aproximadamente 10 segundos). La preparación obtenida se deja en reposo por 24 horas en recipientes de plástico tapados. Consecutivamente, se separa el líquido de la parte sólida a través de un proceso de filtrado, se coloca en la asperjadora y se realiza la respectiva aplicación. Se recomienda para pequeños productores; el efecto dura lo mismo que un herbicida de contacto.

Otros extractos pudieran tener el potencial de disminuir la presencia de algunos hongos, con susceptibilidad a las aplicaciones de extractos naturales de limoncillo (Swinglea glutinosa), salvia (Salvia officinalis), papaya (Carica papaya), neem (Azadirachta indica), entre otros: lo que permite que los extractos puedan ser utilizados para el control de algunos patógenos en una producción limpia y sostenible. En este sentido los extractos o tratamientos de origen biológico pudiesen realizar un adecuado trabajo de control de algunas enfermedades por un periodo de tiempo después de su aplicación, lo que permite realizar una rotación de productos como alternativa de control, con la ventaja de que estos productos son amigables con las personas y el ambiente.

Lixiviado de raquis de plátano o banano

El lixiviado es el líquido que se obtiene a partir de la descomposición lenta y en forma aeróbica de la materia orgánica. Su importancia radica en que podría ser un controlador biológico contra *Mycosphaerella fijiensis* (enfermedad que se presenta en los cultivos de banano y plátano), actuando como agente fungistático.

El líquido es un "lixiviado" que se produce de forma económica en las fincas y resulta de la elaboración de compost a partir de desechos del banano y plátano, específicamente de los ejes vertebrales, llamados raquis. Esta es la parte de la planta que los agricultores suelen desechar después de la cosecha. Para obtenerlo, en un tanque o recipiente plástico, se colocan los raquis de los racimos de banano o plátano cosechados y picados en trozos de 10 cm; se colocan sobre una estructura de tamiz que impida el paso del material sólido al fondo del tanque. Al transcurrir 60 días se obtendrá el producto final. Se coloca en la asperjadora y se fumigan las plantas (foto 20).

Foto 20. Lixiviado de raquis de plátano o banano.

El lixiviado de raquis de plátano o banano es una alternativa económica para el productor, de fácil manejo y obtención, se produce gran cantidad de producto en poco tiempo; tiene un alto contenido de celulosa y lignina; de este material se puede lograr un sustrato rico en micronutrientes y además se puede obtener un subproducto que es el lixiviado, el cual posee contenidos aceptables de nitrógeno, fósforo y potasio con potencial como biofertilizante y bioestimulante; moléculas biológicas que actúan potenciando determinadas expresiones metabólicas y/o fisiológicas de las plantas. Esta a su vez se emplean para incrementar la calidad de los vegetales activando el desarrollo de diferentes órganos (raíces, frutos, hojas, entre otros) y reducir los daños causados por el estrés (fitosanitarios, enfermedades, frio, calor, entre otros).

Los bioestimulantes son sustancias que trabajan tanto fuera como dentro de la planta, aumentando la disponibilidad de nutrientes, mejorando la estructura y fertilidad de los suelos, incrementando la velocidad, la eficiencia metabólica y fotosintética. Con un efecto sobre la producción, con incrementos de la cosecha acompañados de una mejor calidad de los frutos y de otros aspectos relacionados con los mismos como coloración, uniformidad, aumento de tamaño, mejor desarrollo vegetativo, entre otros.

Vermicompost

Es un producto de la descomposición de la materia orgánica realizada únicamente por ciertas especies de lombrices, con un proceso de descomposición, ocurriendo a través de su tubo digestivo y la interacción de ciertos microorganismos, transformando la materia orgánica en lo que se denomina humus de lombriz o vermicompost, con una mejor estructura y contenido de nutrientes que otro compostaje; el líquido que se obtiene durante el vermicompostaje es considerado humus liquido (vermicompost liquido). Una vez obtenido se coloca en la asperjadora y se fumigan las plantas.

Caldo Sulfocálcico

Es un producto obtenido por la ebullición de una mezcla de cal y azufre, es líquido de color blancuzco o amarillento naranja y contiene variable concentración de polisulfuro de calcio. Se agregan 30 kilogramos de azufre (flor de azufre molida), diez kilogramos de cal viva o apagada, esto disuelto en cien litros de agua; se pone a hervir el agua y luego agregar la cal y el azufre mezclando durante una hora, manteniendo siempre la intensidad fuerte en el fuego, una vez transcurrido el tiempo de cocción el caldo debe de tener una apariencia amarillenta o anaranjada, se deja reposar hasta que enfrié y por último se filtra y se envasa. Se coloca en la asperjadora y se fumigan las plantas.

Utilización de diferentes extractos vegetales como ají picante y otros que se pueden ir utilizando en las diferentes zonas.

Se corta un trozo de tela y se humedece con el extracto de ají picante, colocando la tela cortada en forma de corbata, alrededor de los frutos; igual se puede asperjar la planta con el extracto de ají picante con una asperjadora. Sirve como repelente de un gran número de insectos.

Ají picante (*Capsicum sp.* Familia: *Solanaceae*).

Existe un gran número de variedades del cultivo que difieren en forma, tamaño, color, sabor y carácter picante del fruto, es un alimento valioso, siendo un ingrediente imprescindible para dar sabor y fuerza a diversos platos de la cocina.

Propiedades y aplicaciones

Posee acción antiviral, insecticida y repelente, se emplea para controlar ácaros, pulgones, hormigas y otros organismos que afectan la planta; se considera una opción para el control de insectos; la principal fuente de distribución del insecticida se encuentra en el fruto siendo ésta la parte de la planta más comúnmente utilizada.

Se agregan 100 g de ají seco molido a un litro de agua y se filtra con una previa agitación. Luego se diluye esta solución en 5 litros de agua enjabonada (20 g de jabón neutro) y se aplica sobre el cultivo.

18 Comercialización del producto final

La cadena de comercialización es aquella donde se transfieren los productos desde la unidad productiva hasta llegar al consumidor final. Abarca un conjunto de funciones que incorporan utilidades de espacio, forma, tiempo y posesión.

Entre los agentes de comercialización se encuentran los productores primarios, procesadoras, plantas receptoras, transportistas, distribuidores, mayoristas, detallistas, consumidores, entre otros (foto 21).

Foto 21. Producto final (azúcar).

Cada producto final es comercializado a diferentes zonas o mercados, donde los precios varían de acuerdo a varios factores y a los diferentes precios de compra que se manejen en el mercado, además de parámetros técnicos, económicos y financieros que en muchos casos son desconocidos por algún actor de la cadena de comercialización.

Por ejemplo, el mercado internacional de la leche es uno de los más distorsionados del mundo, ya que en él compiten países que subsidian fuertemente la producción lechera, con muchos otros sin ningún tipo de políticas de protección. Esto influye directamente en el panorama individual de muchas zonas, provocando, difíciles situaciones internas. A esto se le suma la ausencia de políticas que defiendan la producción nacional, de la competencia de productos provenientes de países subsidiados, la necesidad de incentivar el aumento del consumo interno, las crecientes y dinámicas necesidades de calidad y precio que demandan los consumidores, entre otros.

La industria lechera constituye uno de los sectores más importantes en diversos países; se debería tener una visión amplia de este sector y su problemática, analizando sus cambios y distinguiendo las áreas hacia donde potencialmente se podrían enfocar esfuerzos junto a todos los subsectores que conforman el circuito lácteo como aparato productivo, para lograr una distribución y comercialización adecuada.

Se debe planificar con suficiente anticipación la comercialización de cada producto final para evitar dispersión, canales difusos, altamente fluctuantes, entre otros. Se requiere la búsqueda de fuentes alternas de obtención de recursos económicos, sin descartar en un futuro el incremento del valor agregado de cada producto final. Se debe reducir la excesiva intermediación en los canales de comercialización, desarrollando estrategias de mercadeo, por medio de las cuales puedan comenzar a penetrar en el mercado y no depender completamente de los intermediarios.

Teniendo claro que las ganancias netas estén por encima de valores que proporcionen una mejor calidad de vida social y económica para que los productores puedan ser cada día más competitivos, generando cambios que se adapten a la zona, mejorando sus niveles de desempeño, conservando sus procesos y el ambiente. No descartando manejar en un futuro cercano indicadores como: cuota del mercado, tasa de crecimiento del mercado, proyección de nuevos mercados, actualización sobre los mercados, planificación del personal, evaluación del desempeño del personal, capacitación del personal, crecimiento en comparación con cada año anterior, establecimiento de rendimientos para el próximo año, estrategias, entre otros.

Se tienen que conocer todos los procesos que van transformando el producto desde la producción primaria en campo hasta la disposición del consumidor final, es decir desde el primer eslabón hasta todas las etapas relacionadas entre sí, con el esfuerzo organizado de los individuos para producir y vender, por una ganancia, bienes y servicios que satisfagan a la sociedad.

Se deben aprovechar los recursos agropecuarios, acuícolas, pesqueros, forestales, entre otros, obteniendo una utilidad económica en forma de ganancia para quienes organizan y emprenden dicha actividad, desarrollando actividades económicas a partir de ciertos recursos (humanos, materiales, financieros, naturales), generando bienes o servicios para satisfacer las necesidades de los consumidores (foto 22).

Foto 22. Comercialización del rubro lechosa.

19 Conocimiento integral del cultivo

Se debe tener un conocimiento integral del cultivo desarrollado en la unidad de producción, teniendo claro todo lo relacionado con el rubro, donde se cultiva, cómo es su crecimiento y las diferentes etapas de desarrollo, cuál es la vida útil económica, cuáles son las etapas de mayor absorción de cada nutriente, ventajas y desventajas del rubro, la variedad o hibrido de mayor adaptación en la zona, de mayor importancia económica, demanda para su consumo, bien sea fresco o industrializado. Conocer todos los insectos que podrían visitar el cultivo y su manejo, conocer todas las malezas presentes y su manejo, conocer todas las enfermedades que visitan el cultivo y su manejo, entre otros (foto 23 y 24).

Foto 23. Manejo integral en el rubro Caña de azúcar

Foto 24. Cultivo de Palma aceitera

En este contexto, las plantas a lo largo de su ciclo vital, están expuestas a un gran número de condiciones estresantes, que pueden agruparse en bióticos y abióticos; entre el estrés abiótico físico – químico están el déficit hídrico, salinidad, temperaturas extremas (calor, frio, congelación), la excesiva o insuficiente irradiación, encharcamiento o inundación, carencia de elementos minerales, contaminantes ambientales, entre otros.

Un factor que limita la producción vegetal es el estrés hídrico; el rendimiento potencial de los cultivos se reduce en un alto porcentaje, debido a limitaciones ambientales. El agua es el componente químico más abundante en las plantas, convirtiéndose así en uno de los factores ecológicos que más condicionan el crecimiento y desarrollo de las plantas. El agua en la planta constituye parte del citoplasma de las células, sirve de vehículo de transporte de iones y solutos, contribuye a la regulación térmica de la planta, ente otros.

Desde un punto de vista ecofisiológico, se entiende por estrés hídrico a cualquier limitación al funcionamiento óptimo de las plantas impuesta por una insuficiente disponibilidad de agua. Los déficit hídricos no se limitan solamente a suelos deshidratados, también pueden producirse sobre suelos húmedos, por un simple desabastecimiento hídrico de corta duración cuando la demanda evaporativa. En estas condiciones la velocidad de pérdida de agua a la atmosfera por transpiración es mayor que la capacidad de los vasos del xilema para ascender agua desde las raíces hasta las hojas.

El estrés afecta también a la nutrición mineral de las plantas, ya que afecta a la absorción por las raíces y al transporte al tallo y las hojas. Bajo condiciones de estrés hídrico se produce el cierre estomático y la reducción de la conductividad hídrica del xilema, para disminuir las pérdidas de agua por transpiración. El ritmo de emisión de hojas también se ve afectado bajo condiciones de déficit hídrico al igual que el tamaño de las mismas, lo que lleva a una reducción del área foliar total de la planta.

Hay que conocer si hay presencia de sales en el agua de riego, el síntoma típico de quemado por sales, comienza en los márgenes de las hojas y avanza hacia adentro. Este es el resultado de la toxicidad por el sodio y el cloro, que son los iones causantes de la salinidad del agua en muchos casos.

Así mismo, hay que realizar la aplicación oportuna y uniforme de agua a la zona de raíces de las plantas, para reponer el agua consumida por los cultivos entre dos aplicaciones sucesivas. El agua aplicada al suelo en un riego, es para reponer lo que la planta consumió en un tiempo comprendido entre dos aplicaciones sucesivas. El agua se aplica al suelo y no a la planta, reponiendo lo gastado, por lo cual es importante el estudio del suelo desde el punto de vista físico.

Otro caso es la deficiencia de algún elemento, por ejemplo cuando es potasio, dependiendo del cultivo, se puede presentar mal desarrollo de las hojas, acompañado de clorosis y necrosis marginal en hojas viejas, plantas susceptibles a todo tipo de problemas, frutos pequeños mal coloreados y con dificultades para madurar, se reduce el desarrollo vegetativo, lo que conlleva a una reducción de los rendimientos. Cuando una planta tiene crecimiento excesivo por un mal manejo del agua y nitrógeno, se puede producir produce una susceptibilidad a las enfermedades y al ataque por insectos, daños ambientales, entre otros.

En este orden de ideas, tomar en cuenta los efectos de la mecanización agrícola; como efectos ecológicos, compactación de los suelos, pérdida de agregación, procesos de deterioro, sellado, pérdida de materia orgánica, alisamiento de la superficie, incremento de la erosión, entre otros.

La mínima labranza pudiera mejorar la condición física del suelo, balance del agua y del aire en el suelo, eliminación de malezas, incorporación de fertilizantes, mejoramiento de condiciones para otras operaciones de establecimiento y mantenimiento de cultivos, entre otros.

20 Conocimiento integral de los pastos

En la ganadería, es de gran importancia la producción de pastos, la cual está sometida a condiciones ecológicas diversas que la afectan, como el volumen de biomasa producida, variaciones ambientales, estas características junto a las diversas especies forrajeras, a las razas animales y su mestizaje, conforman un complejo de factores, que afectan la productividad (foto 25).

Foto 25, Manejo de búfalos

En este sentido, para obtener la máxima eficiencia en cada unidad productiva es necesario conocer y controlar cada uno de los elementos y factores que inciden sobre el sistema de producción, realizando un manejo integral de pastos, malezas y alternativas alimenticias.

Los pastos son de gran importancia para los semovientes, sirviendo como alimento, siendo una masa vegetal fresca con un valor alimenticio; pero que debe venir acompañado de su aprovechamiento, conservación y manejo de los potreros naturales y conservación de los forrajes.

Los pastos almacenan, en la parte baja de los tallos de las hojas inferiores (cercanas a la raíz), las reservas nutritivas que les sirven para iniciar nuevamente el crecimiento luego de ser pastoreados o cortados (foto 26).

Foto 26. Pastos.

Por esta razón, al momento de pastorear, se deben dejar las hojas inferiores, donde está el punto de rebrote, de esta forma el pasto crece con mayor rapidez. Para un manejo integral de los pastos es necesario utilizar los días de descanso apropiados para cada especie, dependiendo de la recuperación de la planta y de la calidad esperada del forraje.

Un periodo de pastoreo mayor a dos días ocasiona que el animal camine más para encontrar un pasto apetecible, lo que resulta en menor cantidad de pasto ingerido. Así mismo, se incrementa la pérdida de pasto por pisoteo. Un adecuado periodo de pastoreo permitiría conservar las reservas para la formación de nuevos brotes vigorosos. La presión de pastoreo alta impide la formación de materiales senescentes, permitiendo mayor uniformidad y calidad nutritiva en el rebrote.

La rotación de potreros es un sistema de pastoreo racional basado en alternar en forma adecuada el periodo de uso con el tiempo de descanso de cada potrero. La rotación de potreros se caracteriza en que la finca se divide en varios potreros, manteniendo en forma correcta la capacidad de carga para cada potrero y permitiendo el pastoreo de un potrero al mismo tiempo por el lote de bovinos, previamente definido (foto 27).

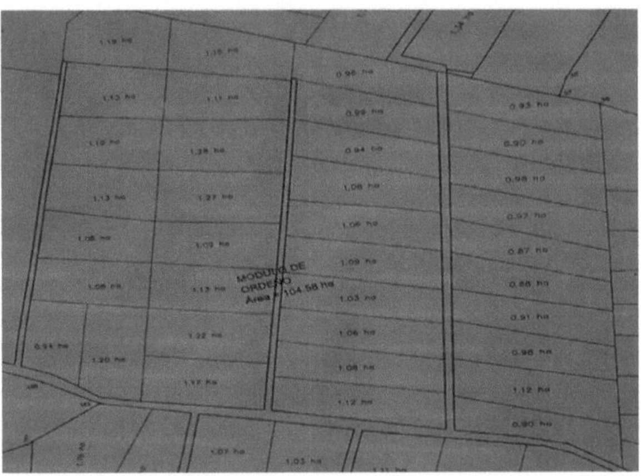

Foto 27. Rotación de potreros.

La mejor forma de manejar los potreros es realizando un pastoreo rotacional, es decir, teniendo varios potreros y rotando los animales entre ellos. La rotación de potreros permite que la producción de forraje de cada potrero tenga un periodo de recuperación o de descanso entre los ciclos de pastoreo; promueve la producción de semilla y la resiembra natural, la cual favorece enormemente la producción de forraje; permite mantener una producción constante de forraje durante todo el año; mantiene en forma constante la productividad; facilita el control de las malezas, entre otros.

Se deben manejar muy bien los periodos de ocupación (o de pastoreo) durante el cual los animales cosechan el pasto; y el de descanso en el que el potrero tiene la oportunidad de acumular reservas energéticas, rebrotar, crecer, formar nuevos tejidos y acumular nuevamente reservas en la parte baja de la planta.

Ejemplo de un inventario de pastos

Lote	Pastos	Hectáreas	Características
San Isidro	Estrella	7,77	Gramínea perenne, rastrera, con largos y fuertes estolones. La presión de pastoreo esta alta en estos momentos
	Guinea	3,33	Gramínea perenne, de tallos erectos y hojas alargadas, forma macollas. La presión de pastoreo esta alta en estos momentos
La Paquera	Guinea	9,95	Gramínea perenne, de tallos erectos y hojas alargadas, forma macollas. La presión de pastoreo esta alta en estos momentos
El Porvenir	Guinea	10,21	Gramínea perenne, de tallos erectos y hojas alargadas, forma macollas. Porcentaje de cobertura por encima del 90%

Ejemplo de un inventario de malezas

Lote	Malezas	Nombre Científico	Presencia
San Isidro	Cabezona	Paspalum virgatum	Alta
	Escoba	Sida acuta	Baja
	Bledo	Amarantus dubius	Baja
	Corocillo	Cyperus rotundus	Baja
La Paquera	Bejuco	Momordica charantia	Baja
	Ocumo	Xanthosoma sp.	Baja
	Corocillo	Cyperus rotundus	Baja
	Bledo	Amarantus dubius	Baja
El Porvenir	Corocillo	Cyperus rotundus	Baja
	Escoba	Sida scuta	Alta
	Bledo	Amarantus dubius	Baja
	Pringamoza	Urera baccifera	Baja

Importancia de las leguminosas

Uno de los factores limitantes que mayor relevancia tienen para una alta producción de forraje es la baja fertilidad de los suelos, principalmente en cuanto al contenido de nitrógeno. Por esta razón, la asociación de leguminosas con pastos es una excelente alternativa dada la capacidad que tienen las primeras en fijar nitrógeno atmosférico y ponerlo a la disposición de los pastos asociados, logrando de esta forma una mayor producción de forraje.

Las leguminosas son una familia de especies vegetales que reúnen árboles, arbustos y hierbas perennes o anuales, caracterizadas por tener un fruto tipo legumbre y por presentar hojas compuestas y estipuladas. Las raíces son profundas y por lo general exhiben nódulos poblados de bacterias del género Rhizobium que permiten la fijación del nitrógeno atmosférico a nivel del suelo.

Por ejemplo, la Leucaena es un árbol con hojas son compuestas, de 9 a 25 cm de largo, verde grisáceas y sin pelos. Se desarrolla muy bien con precipitaciones anuales entre los 850 y 1500 mm, sin embargo crece desde sitos secos (con 350 mm/año) hasta muy húmedos (3.000 mm/año) y temperatura media anual de 20 a 30°C. Se adapta a una amplia variedad de suelos desde levemente ácidos hasta alcalinos. Es una especie fijadora de nitrógeno. Sus hojas son ricas en proteína y son fácilmente digeridas por los rumiantes. La Leucaena produce alta ganancia de peso y producción de leche, tiene buen valor nutricional, alta palatabilidad, tolera sequía, es de larga vida y de bajo costo, mejora la fertilidad del suelo.

Ventajas del establecimiento de Leucaena

- Mejora significativamente el nivel nutricional del animal reduciendo los costos por insumos alimenticios.
- Suplemento en la dieta animal.
- Proporciona proteína, algunas vitaminas, minerales, entre otros
- Fácil de manejar.
- Aporte de nutrientes para mejoramiento del suelo.

Importante

Cuando se revisan algunas literaturas sobre Leucaena se reportan problemas de toxicidad por la presencia de mimosina (alcaloide), pero es cuando se corta y se colocan proporciones mayores de 30% en la dieta del ganado. La poda de los árboles de Leucaena debe realizarse dos veces al año para evitar un crecimiento mayor de las plantas (podas de nivelación y crecimiento). Estas deben ser realizadas por un trabajador de la unidad productiva. El ganado consume Leucaena por espacio de 2 horas. por lo que luego debe ser retirado de ese potrero, además de esa forma se asegura que los semovientes no consuman exceso de nitrógeno.

El Kudzu es una leguminosa tropical herbácea permanente, vigorosa, voluble y trepadora de raíces profundas. Desarrolla raíces en los nudos formando ramas laterales o secundarias que se entretejen en una masa de vegetación de 75 cm de alto 9 meses después de la siembra, sofocando y eliminando a las malezas. Tiene alta capacidad de fijar nitrógeno atmosférico al suelo e incorporarlo, sea como abono verde o por la caída de sus hojas. Se estima un aporte de 600 Kg de nitrógeno por hectárea al año, mejorando el rendimiento y consumo de las gramíneas asociadas y su contenido de proteína.

BIBLIOGRAFÍA

Delgado, J. 2018. Dimensión prospectiva del actor local en el talento territorial. Revista de Ciencias Sociales (Ve), vol. XXIV, núm. 2. Pp. 1-12.

Gazzano, I. y Achkar, M. 2014. Transformación territorial: análisis del proceso de intensificación agraria en la cuenca del área protegida Esteros de Farrapos, Uruguay. Rev. Bras. de Agroecología, 9 (2), 30-43.

Guerra, G. 2002. El agronegocio y la empresa agropecuaria frente al siglo XXI. Colección de libros y materiales educativos. IICA, N° 98. San José, Costa Rica. Editorial Agroamérica. 509 p.

Hernández, F. 2009. Manual práctico para la producción de abonos orgánicos a partir del cultivo del plátano. CORPOZULIA. Ediluz. Maracaibo, Venezuela. 38 p.

Higuchi, A. y Avadi A. 2017. Características socio-económicas y actitud de los consumidores de productos orgánicos y convencionales en Lima, Perú. Rev. Fac. Agron. (LUZ). 34: 518-541.

Hoyo, S. 2017. Dinámica del cambio de cobertura y uso de la tierra, microcuenca Río El Valle. Estado Tachira. Tesis Doctoral. Facultad de Agronomía. División de Estudios para Graduados. Programa: Doctorado en Ciencias Agrarias. Universidad del Zulia. Maracaibo. Estado Zulia. Venezuela. 352p.

Marrufo, J.; Prieto M.; Nava, J. Ortega, J. y Bracho, B. 2015. Diagnóstico para el desarrollo rural de los productores de plátano en el sector Las Vegas del municipio Santa Rita del estado venezolano del Zulia. Rev. Fac. Agron. (LUZ). 32: 82-105.

Masaquiza, M., Diego A. Pereda, J., Curbelo, L., Figueredo, R. y Cervantes, M. 2017. Intensificación de los sistemas agropecuarios y su relación con la productividad y eficiencia. Resultados con su aplicación. Rev. Prod. anim., 29 (2), 57-64.

Nava, J.; Sánchez, A. y Ortega J. 2017. Gestión de planificación económica en el cultivo del plátano en el estado venezolano del Zulia, Venezuela. Rev. Fac. Agron. (LUZ). 34: 371-396.

Olivares, B.; Lobo, D.; Cortez, A.; Rodríguez, M. y Rey J. 2017. Caracterización socioeconómica y modos de producción de la comunidad agrícola indígena Kashaama, Anzoátegui, Venezuela. Rev. Fac. Agron. (LUZ). 34: 187-215.

Palma, E. y J. Cruz. 2010. ¿Cómo elaborar un plan de finca de manera sencilla? CATIE. Centro Agronómico Tropical de Investigación y Enseñanza. Serie Técnica-Manual Técnico No. 96. 1a Edición Turrialba. Guatemala. 52 p.

Pérez, F.; Rojo, A. y Ferreira, J. 2018. Selección de criterios sociales y ambientales para la delimitación de núcleos rurales en Galicia, España. Rev. Fac. Agron. (LUZ). 35: 108-126.

Pérez, J. y R. Villalobos. 2011. Capacidad del sector agrícola para crear empleos como eje del desarrollo nacional. Un estudio prospectivo del subsector avícola. Rev. Fac. Agron. (LUZ). 28:395-415.

Samuelson, P. y W. Nordhaus. 2002. Economía. 17a Edición McGrawHill, España. 701 p.

Urdaneta, F. 2007. Cómo formular y evaluar proyectos agropecuarios. Colección Textos Universitarios. Universidad del Zulia. Ediciones del Vice Rectorado Académico. 164 p.

Vargas, O. y J. Velasco. 2011. Nivel gerencial y tecnología reproductiva en fincas ganaderas de doble propósito del municipio La Cañada de Urdaneta, estado Zulia, Venezuela. Rev. Fac. Agron. (LUZ). 28:123-145.

Vera, L.; Hernandez; A.; Mesias F.; Guzman A. y Cedeño A. 2017. Manual para la cartografía de suelos y la descripción de perfiles de suelos. Escuela Superior politécnica Agropecuaria de Manabi Manuel Felix Lopez. Editorial Humus, Manabi, Ecuador. 76 p.

Vera L.; Mesias F.; Cedeño A.; Guzman A.; Hernandez A. y Zambrano D. 2017. Aportes al conocimiento edafológico para lograr la agricultura sostenible del sistema Carrizal_Chone. Escuela Superior politécnica Agropecuaria de Manabi Manuel Felix Lopez. Editorial Humus, Manabi, Ecuador. 188 p.

Printed by Books on Demand GmbH, Norderstedt / Germany